슬기로운
사피엔스
생존기

슬기로운 사피엔스 생존기

초판 1쇄 인쇄 2022년 9월 7일
초판 1쇄 발행 2022년 9월 23일

지은이 프랑수아 봉 | 그린이 오로르 칼리아스 | 옮긴이 김수진
펴낸이 홍석
이사 홍성우
인문편집팀장 박월
책임편집 박주혜
디자인 디자인잔
마케팅 이송희 · 한유리 · 이민재
관리 최우리 · 김정선 · 정원경 · 홍보람 · 조영행 · 김지혜

펴낸곳 도서출판 풀빛
등록 1979년 3월 6일 제2021-000055호
주소 07547 서울특별시 강서구 양천로 583 우림블루나인비즈니스센터 A동 21층 2110호
전화 02-363-5995(영업), 02-364-0844(편집)
팩스 070-4275-0445
홈페이지 www.pulbit.co.kr
전자우편 inmun@pulbit.co.kr

ISBN 979-11-6172-851-3 44470
979-11-6172-845-2 44080(세트)

※ 책값은 뒤표지에 표시되어 있습니다.
※ 파본이나 잘못된 책은 구입하신 곳에서 바꿔드립니다.

선사 시대에서 우주 시대까지
살아남은 단 하나의 인류

프랑수아 봉 글 | 오로르 칼리아스 그림 | 김수진 옮김

풀빛

프롤로그

왜 하필
사피엔스일까?

확실히, 네안데르탈인Neanderthalensis은 사람들의 관심을 끌고 환상을 불러일으킨다. 많은 사람이 플라이스토세Pleistocene Epoch(또는 홍적세Diluvial age라 하는데 신생대 4기의 전반기에 해당하며 대략 200만~1만 년 전까지 지속했다. 이후로 현재까지 신생대 4기의 하반기인 홀로세Holocene Epoch로 이어진다-역자)의 빙하 속으로 사라져버린 네안데르탈인에 열광한다. 멀면서도 가까운 듯 느껴지는 네안데르탈인은 신비롭기 그지없다.

과연 네안데르탈인은 어떻게 살았으며 또 어떻게 죽었을까…? 궁금한 것 투성이다.

이에 반해 사피엔스Sapiens는 어떤 의미에서 보면 너무도 평범하다. 여러분 역시 사피엔스에 대해서는 이미 알 만큼 안다고 생각할 것이다. 사실 대부분 맞다.

오늘도 여러분은 이른 아침에 잠에서 깨어 욕실 거울을 들여다보았을 것이다. 이때 여러분과 눈이 마주친 자는 누구였을까?

당연히 사피엔스다. 이제 세상에는 여러분과 같은 사피엔스만 존재하기 때문이다. 사피엔스는 아주 오래전부터 지구에서 유일한 인간 종이 되었다.

그렇다면 정확히 언제부터, 어떻게 사피엔스가 이 역할을 맡았을까? 왜 하필 우리 사피엔스일까?

답은 명백하다. 사피엔스만이 끝끝내 살아남았기 때문이다.

인류가 달을 정복하러 나서기 훨씬 전인 구석기시대에 나타난 사피엔스는 돌과 뼈로 만든 도구로 단단히 무장한 수렵채집인Hunter-gatherer으로, 조상인 호모 에렉투스Homo Erectus를 따라 인구 이동을 하며 마침내 대부분의 땅에 터를 잡았다. 아프리카에서 처음 출현한 사피엔스는 자신의 힘으로 지구 전체를 아우르는 운명의 주인공인 현생 인류가 된 것이다.

사피엔스를 가리켜 현생 인류라고 하는 데는 물론 생물학적인 이유도 있지만, 무엇보다도 행동 측면에서 이들이 현대적이기 때문이다. 선사시대에 사피엔스가 보인 몇몇 모습에서, 사회는 변했어도 수천 년 전부터 인간성Human nature(인간을 인간답게 하는 본성 또는 본질-역자)을 공유해 왔다는 확신이 든다. 바로 이런 인간성이 선사시대와 역사시대를 이어 주는 다리다.

우리는 이 책에서 선사시대에서 역사시대로 넘어가는 장면들을 설명할 것이다(사피엔스의 기원, 인구 증가의 원동력, 생각 표현 방식, 사피엔스가 일군 최초의 사회 등). 사피엔스의 특성을 간략하게 분석함으로써, 우리 모두의 직계 조상이 지나온 흔적을 따라갈 예정이다.

그런데 먼저 여러분에게 당부하고 싶은 것이 있다. 앞으로 살펴볼 수천 년에 걸친 추상적인 연대기적 분류 기준과 용어에 지레 겁먹지 말라는 점이다. 중간중간 나오는 대담과 용어 해설이 여러분의 이해를 도울 것이다.

무엇보다 여러분은 좋은 혈통을 지닌 사피엔스라는 사실을 명심하자! 수천 년간 이어진 진화의 결실인 우리는 지적 능력과 호기심이 뛰어난 선택된 존재다!

구석기시대와 플라이스토세

구석기시대는 선사시대에서 첫 번째이자 가장 긴 시기다. 이 시기에 인류는 수렵 채집 생활만 했다. 구석기시대는 최초의 호모 속homo genus에 속하는 호모 하빌리스가 출현한 약 250만 년 전부터 시작되었다. 그 이후 인간 종인 호모 사피엔스가 약 30만 년 전에 출현하여 전 세계로 퍼졌으며, 다른 종은 모두 쇠퇴했다. 구석기시대는 200만 년 전부터 1만 년 전까지 이어진 신생대 제4기의 전반기에 해당하는 플라이스토세와 거의 겹친다.

목차

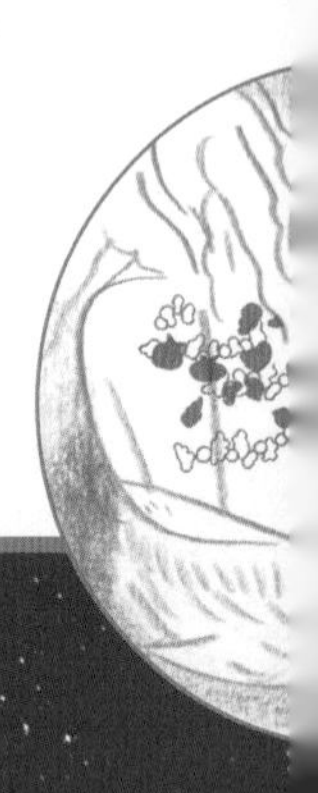

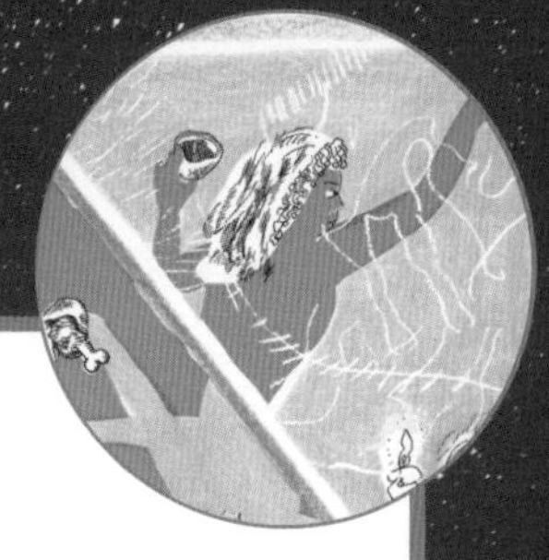

homo sapiens

영장류
primate

오스트랄로피테쿠스
australopithèque
호모 하빌리스
homo habilis

호모 사피엔스
호모 에렉투스
homo erectus
네안데르탈인 여성
femme de Néandertal

1

오스트랄로피테쿠스부터 사피엔스까지 따라가 보자

크로마뇽인Cro-Magnon man 하면 무엇이 떠오르는가?

온몸이 털로 뒤덮인 존재가

으르렁거리듯 간신히 소리 내는 모습.

한마디로 습지였던 땅에 두 발을 딛고 서 있는

짐승의 모습이 떠오른다.

그러니 이들이 라스코 동굴벽화Grotte de Lascaux를

그렸다는 말을 들으면 의구심이 들 만도 하다.

하지만 크로마뇽인 역시

우리와 같은 사피엔스 종에 속한다.

이들은 겉보기보다 훨씬 더 세련된 존재였고

많은 어려움을 뚫고 나온 노련한 현생 인류였다.

사피엔스, 아메리카 원주민과 인디언의 조상

대체 사피엔스는 어디에서 왔을까? 사피엔스는 마치 하늘에서 뚝 떨어지기라도 한 것처럼 보인다.

오스트레일리아에 발을 내디딘 최초의 사피엔스는 더욱 그렇다. 정확한 날짜는 모르지만 아주 오래전(5만 년, 어쩌면 6만 년 전?), 이들은 인도네시아와 오스트레일리아 대륙을 점점이 잇는 섬을 따라 조금씩 항해한 끝에 마침내 이 땅에 도착했다. 물론 이들은 눈앞에 드넓은 공간이 펼쳐지리라고는 상상도 하지 못했다. 자신들이 이 땅을 밟은 최초의 인류, 캥거루가 뛰어다니는 것을 목격한 최초의 인류라는 사실도 틀림없이 몰랐으리라. 게다가 오스트레일리아 북서부 어느 해안가 모래사장에 발자국을 남기는 순간에도, 자신들이 이 대륙 땅을 밟은 최초의 영장류라는 사실도 헤아리지 못했을 것이다.

사실, 오스트레일리아 대륙은 약 1억 년 전에 다른 대륙에서 떨어져 나온 땅덩어리였다. 그런 만큼 이들의 오스트레일리아 진출은 엄청나게 중요한 사건이다! 이 유랑자들이 바다 건너편에 무엇이 있는지 가 봐야겠다고 마음먹고, 수천만 년에 걸쳐 진행된 대륙의 이동조차 초월했으니 말이다.

지구 역사를 논하는 것은 이쯤에서 접고 다시 사피엔스의 역사로 돌아오자.

오스트레일리아 대륙과 마찬가지로 아메리카 대륙도 사피엔스가 가기 전에는 인류가 없었던 곳이다. 사피엔스가 언제 어떻게 아메리카 대륙에 갔는지는 과학자들 사이에서 의견이 분분하다. 일부는 3만~4만 년 전으로 본다. 이보다 훨씬 뒤인 불과 1만 5,000년 전의 일이라고 주장하는 과학자도 있다. 정확한 시기가 언제였건, 아메리카 대륙 역시 그전까지는 인류가 살지 않았던 땅이 분명하다.

10만 년 전과 1만 년 전을 비교해 보면 사피엔스가 새로 발을 디딘 땅이 급격하게 증가한 것을 알 수 있다. 남극과 외딴 섬들을 제외하고 따져보면 사피엔스가 인류의 땅으로 추가한 곳은 전체 육상 면적의 37% 이상, 즉 아메리카와 오세아니아에 해당하는 면적이다. 물론 인류가 일찍이 터전으로 삼은 '구세계', 나머지 육상 면적의 63%에 달하는 아프리카와 유라시아에서도 인류는 여전히 건재했다.

태초에 오스트랄로피테쿠스가 있었다?

오세아니아와 아메리카에 첫발을 디딘 사피엔스는 정확히 어디서 왔으며 언제 출현했을까? 이미 수만 년 전부터, 아니 4만 년 전부터 사피엔스는 인류 혈통에서 당당한 대표자로 군림했다.

자, 이제 그들의 혈통을 해체해 보자. 첫 번째 가면을 벗겨 보면, 사피엔스는 진화한 호모 에렉투스, 그 이상도 그 이하도 아니다. 다시 호모 에렉투스의 가면을 벗겨 보면, 그 안에는 진화한 호모 하빌리스Homo habilis가 있다. 그런데 호모 하빌리스는 덩치 작은 오스트랄로피테쿠스Australopithecus의 유전자를 물려받았다. 이렇듯 가면을 벗겨가면 아프리카에서 200만~300만 년에 걸쳐 일어난 진화 과정을 거슬러 올라갈 수 있다.

300만 년 전, 아프리카 대륙의 동부(에티오피아, 케냐, 탄자니아 등)와 남부 하단(남아프리카공화국)에서는 고등 영장류인 오스트랄로피테쿠스가 집단을 형성하여 번성했다. 뒤에서 자세히 살펴보겠지만, 인류 진화에 결정적인 역할을 한 직립보행 발달을 이끈 주인공이 바로 이들이다.

오스트랄로피테쿠스

오스트랄로피테쿠스는 지금은 사라지고 없는 호미니드Hominidae—여러 호모 속(하빌리스, 에렉투스 등)과 파란트로푸스 속Paranthropus뿐만 아니라, 오늘날 멸종한 여러 대형 원숭이 등의 화석을 모두 아우르는 광범위한 그룹—가운데 하나다. 현생 호미니드에는 이런 화석 가운데 일부의 후손인 침팬지, 고릴라, 오랑우탄, 그리고 당연히 우리 인류인 호모 사피엔스가 해당한다. 오스트랄로피테쿠스는 450만 ~200만 년 전에 아프리카 동부와 남부에서 살았다. 아마도 이들 가운데 일부가 우리 인류의 조상인 듯하다.

300만~200만 년 사이, 일부 오스트랄로피테쿠스는 복잡한 지리적 특성과 흐름에 따라 해부학적 특징과 행동을 발달시켰다. 이는 최초의 인류로 알려진 이들에게 대물림되었다.

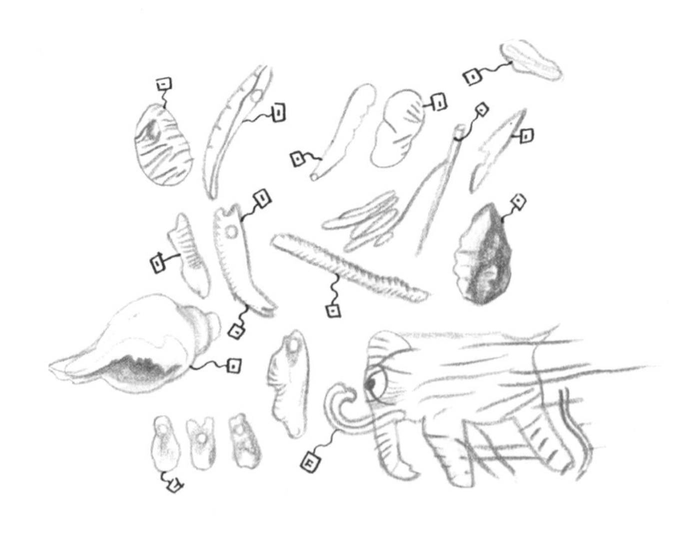

유럽

최초의 사피엔스 등장

약 4만 년 전

아메리카

최초의 사피엔스 등장

약 1만 5,000년 전

약 5만/4만 년 전

시베리아

약 2만 년 전,
어쩌면 4만 년 전

중동
최초의 사피엔스 등장
약 12만 년 전

약 12만 년

인도

아프리카
최초의 사피엔스 등장
약 30만 년 전?

약 8만/6만 년 전

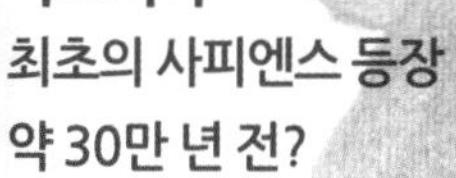

인도네시아

최초의 사피엔스 등장
약 6만 년 전

남극
최초의 사피엔스 등장
19세기 초

달
최초의 사피엔스 등장
1969년

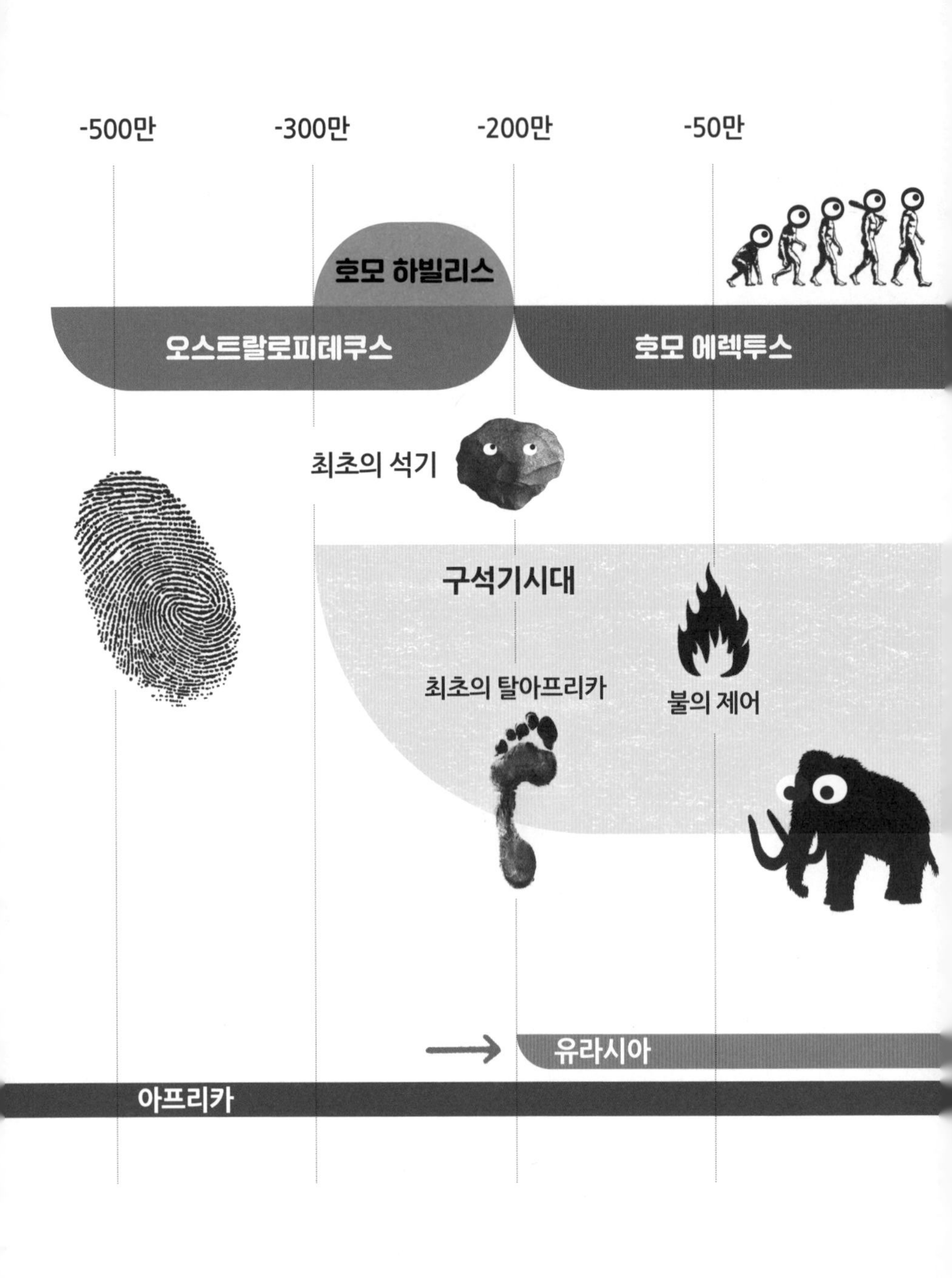

-500만
-300만
-200만
-50만
호모 하빌리스
오스트랄로피테쿠스
호모 에렉투스
최초의 석기
구석기시대
최초의 탈아프리카
불의 제어
유라시아
아프리카

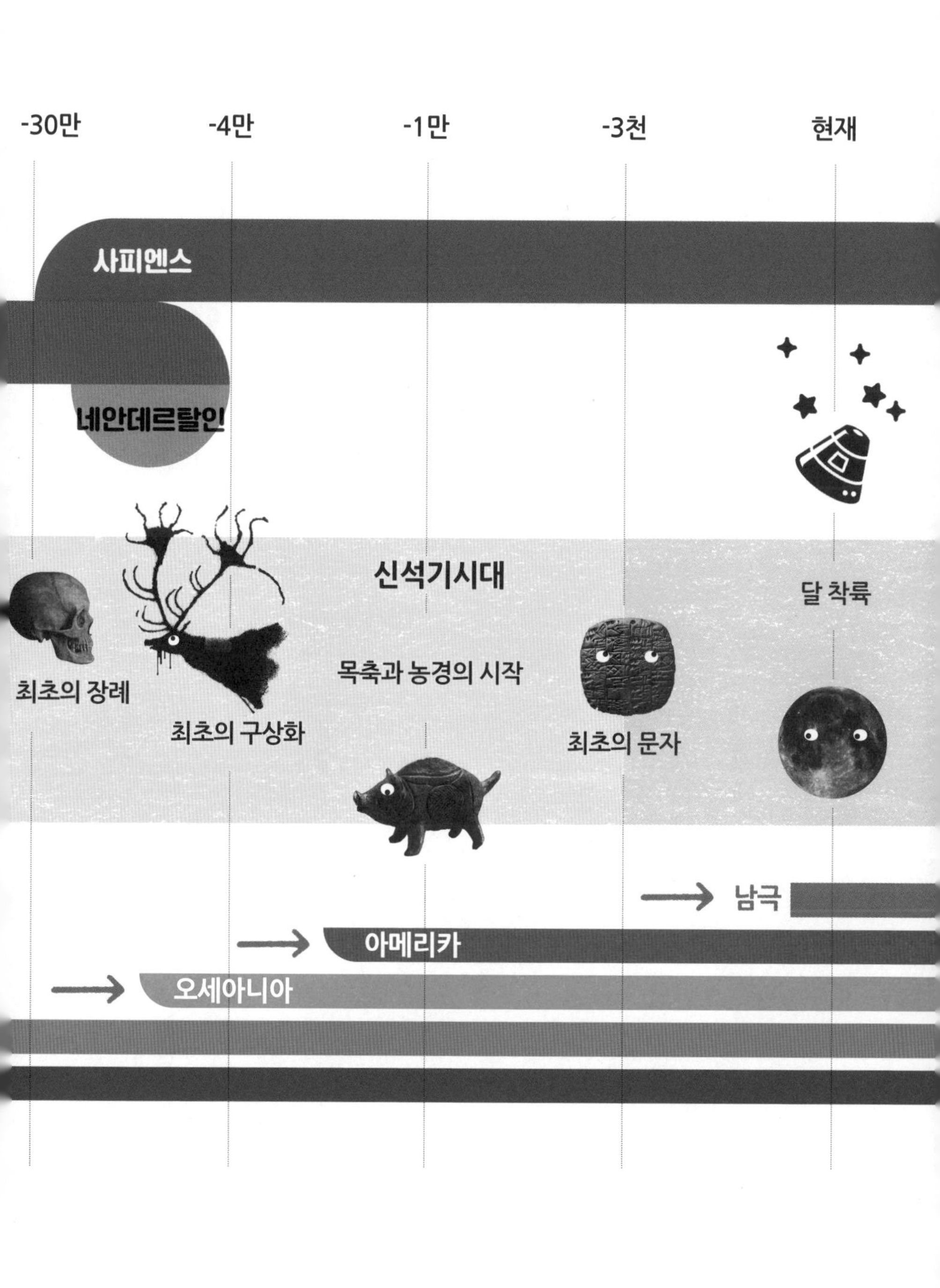

-30만
-4만
-1만
-3천
현재
사피엔스
네안데르탈인
신석기시대
달 착륙
최초의 장례
목축과 농경의 시작
최초의 구상화
최초의 문자
남극
아메리카
오세아니아

자, 이제 호모 하빌리스 차례로, 여전히 무대는 아프리카다. 이후 우리가 추정한 연대에 따르면 약 200만 년 전, 인류 진화에 가속이 붙더니 호모 에렉투스가 등장했다. (나중에 더 자세히 다루겠지만) 호모 에렉투스는 인류사에서 중대한 변화를 이끈 주인공이다.

호모 에렉투스는 아프리카에서 가장 외진 곳까지 정복하며 번성했고 대륙의 경계를 넘어 유라시아에 진출했다. 느리게 진행되었지만 최소 100만 년 전부터 호모 에렉투스는 유라시아 대륙 이쪽 끝에서 저쪽 끝까지 전 지역에 걸쳐 정착했다.

그 결과, 중국해에서 떠오르는 태양을 감상하는 호모 에렉투스

호모 하빌리스 / 호모 에렉투스

약 250만 년 전에 출현한 초기 인류의 화석은 현재 거의 남아 있지 않다. 이들은 서로 차이가 커서 여러 이름으로 불리지만, 이 책에서는 약 200만 년 전 호모 에렉투스가 등장하기 전까지 살았던 이들을 모두 하나로 묶어 호모 하빌리스로 부른다.
호모 에렉투스 역시 호모 에르가스테르Homo ergasther를 포함해서 수많은 경쟁자가 있었다. 그럼에도 이 책에서는 아프리카를 떠나 나머지 구세계에 정착하기 시작해서 약 30만~15만 년 전 사피엔스와 네안데르탈인이 출현하기 전까지 살았던 모든 인류를 호모 에렉투스로 부르기로 한다. 사피엔스와 네안데르탈인은 호모 에렉투스의 직계 후손이다. 이 가운데 사피엔스는 약 10만 년 전부터 다시 아프리카와 근동(중동)에 있던 고향을 떠나 지구상의 나머지 지역으로 흩어졌다.

가 생겼고, 몇 시간 뒤에는 (물론 우리의 호미니드는 이렇게 몇 시간의 시차만 있다는 사실은 까맣게 몰랐겠지만…) 대서양에서 수평선을 무지갯빛으로 물들이며 지는 태양을 감상하는 호모 에렉투스도 생겼다. 이들은 대서양 해안을 따라 이베리아 해안에서 영국 남부까지 정착했다.

진화는 과연 논리적인 연속성을 가지고 이루어졌을까?

고인류학자나 선사학자뿐만 아니라 초기 인류사 애호가들은 논리적 순서에 따라 진화를 설명하고 싶어 하는데 이들이 좋아하는 논리에 따르면, 오스트랄로피테쿠스의 생물학적 진화가 초기 인류로 이어져 내려와 도구를 발명할 새로운 능력을 낳았다.

이런 능력을 지닌 인류는 훗날 호모 하빌리스라는 명칭을 얻었다. 그다음으로 이번에는 호모 하빌리스가 진화의 마무리 단계에 이른다. 어느 날, 사바나 지대의 아카시아나무 그늘 아래 앉아 있던 하빌리스는 그의 아들 에렉투스에게 도구를 만드는 비법을 전수한다. 그러면서 민첩해진 두 다리까지 가졌으니 세상을 정복하러 나서라고 명했다.

당시에 하빌리스는 돌로 도구를 만들었다. 그래서 이 시기를 '구paleo석기lithos 시대'라고 부른다. 이처럼 생물학적 진화 → 새로운 인지 및 정신 운동 능력의 발달 → 도구의 발명 → 새로운 적응 능력으로 이어지는 연쇄적인 흐름은 논리를 좋아하는 우리의 취향에 딱 맞는다. 이렇게 설명하면 아무 문제 없이 모든 톱니바퀴가 잘 맞물려 돌아간다. 그리고 오스트랄로피테쿠스는 자연스럽게 호모 대열에서 제외된다.

그런데 최근 알려진 사실에 따르면, 상황이 이렇게 단순하지 않은 것으로 드러났다. 생물학적 진화에 뒤이어 행동의 변화가 일어났다는 논리 대신, 이 두 가지가 동시에 일어났다는 쪽으로 무게가 더 실리기 때문이다.

이제 우리는 최초의 뗀석기가 330만 년 전이나 최소한 260만 년 전에 오스트랄로피테쿠스의 손에서 처음 만들어졌다는 사실을 안다. 오스트랄로피테쿠스 역시 환경에 적응하려는 노력을 기울였던 셈이다.

그 결과 최초의 인류, 즉 호모 하빌리스와 그 뒤를 이은 호모 에렉투스는 오스트랄로피테쿠스가 공들여 만들어낸 행동 방식을 물려받았을 것이다.

간단히 말하자면, 이는 인간이 결코 '맨몸'이었던 적이 없었다는 뜻이다. '호모'라 칭하는 자들이 등장했을 때, 이미 그들의 손에는 환경에 잘 적응하도록 도와줄 도구가 들려 있었다.

이렇게 말하면 여러분은 그게 뭐 어떻냐고 반문할 수도 있다. 간단히 말하자면, 이는 인간이 결코 '맨몸'이었던 적이 없었다는 뜻이다. '호모'라 칭하는 자들이 등장했을 때, 이미 그들의 손에는 환경에 잘 적응하도록 도와줄 도구가 들려 있었다. 이미 그때부터 그들과 세상과의 관계는 '인공적'이었다. 즉 이미 그들은 삶을 꾸려 나가기 위한 여러 도구를 동원했다는 뜻이다. 굳이 뇌의 크기가 커질 때까지 기다리지 않고 그들은 도구를 고민했고, 지능을 동원한 해법을 (다시 말해, 선천적으로 타고나지 않은 해법을) 찾아냈다. 이러한 능력과 뇌라는 기관이 서로 발맞추어 함께 진화했다.

호모 에렉투스, 혁신과 돌연변이 사이

호모 에렉투스가 톡톡히 덕을 본 다리 이야기를 해 보자. 다리(직립 보행-역자)야말로 새로운 장소를 정복하러 나선 이들에게 큰 도움을 준 유산이다. 머나먼 곳으로 길을 떠나며 환경에 자극받은 호모 에렉투스는 새로운 발명을 해냈다. 새로운 발명은 생물학적 진화와 밀접하게 결합되어 있었다.

불의 발명을 예로 들어보자. 언제 어디서 최초로 불을 인간이 제어했는지를 두고 여러 가설이 맞선다. 약 40만~50만 년 전 유럽 여러 유적지라는 가설이 유력하지만, 중국에서도 비슷한 시기나 심지어 더 앞서서 불을 사용했을 수 있다. 게다가 불을 어느 정도로 제어했는지를 둘러싸고도 논란이 있다.

불을 제어한 인류가 호모 에렉투스인 것은 확실하다. 오랜 빙하기에 접어든 유라시아에 적응하는 과정에서 호모 에렉투스는 불을 손에 넣었을 것이다. 인류는 불을 다루며 일상 생활에 큰 발전을 이루었다. 열은 물론이고 빛(빛이 없었다면 동굴인류도 없었다)의 혜택을 누렸고, 몇몇 재료를 변형하거나 먹거리를 조리할 수도 있었다.

여기서도 행동의 진화와 생물학적 진화가 얼마나 유기적으로 밀접하게 연결되어 있는지 알 수 있다. 인류의 잡식 능력이 커진 것과 그에 따른 결과만 떠올려 봐도 충분하지 않은가.

결국 호모 에렉투스는 지구상에서 광범위하게 번성했다. 고향인 아프리카를 시작으로 유라시아 대부분 지역뿐만 아니라 인도네시아 동쪽 극단까지 진출했다.

무척이나 논리적인 결과이지만, 인류는 뿔뿔이 흩어지면서 서로 단절된 역사를 이루었다. 그러자 여러 문화 전통이 등장하고 발전했는데 이들 가운데 가장 유명한 것이 아슐리안Acheulian 문화다.

이뿐만 아니라 해부학적 차이도 나타났다. 각 집단이 오랫동안 서로 독립적으로 산 결과, 그들 사이의 차이는 더 두드러지고 커졌다. 그래서 약 20만 년 전(광범위하게 30만~10만 년 전)의 지구상 인구분포도를 들여다보면, 여러 형태의 '사촌뻘' 되는 인구 집단이 존재했음을 확인할 수 있다.

아시아에서는 전통적인 호모 에렉투스의 모습을 그대로 유지했는데 물론 진화를 통해 '아시아적인' 특징은 지녔다. 반면 유럽

에서는 혁신을 선택해서 네안데르탈인이 되었다. 아프리카에서는 이보다 더 변신해서 마침내 사피엔스가 탄생했다. 여러 인구 집단이 교차하던 중동은 아프리카와 유럽의 영향을 차례로 받았다.

이리하여 약 20만 년 전에 이르러 인류는 그 어느 때보다 다양해졌다. 대략 이 시기부터 사피엔스가 퍼져 지구를 평정했다.

그렇다면 이 대목에서 다시 한번 떠오르는 의문이 있다.

"왜 하필 사피엔스일까?"

답을 찾기 전에, 앞서 언급한 바 있는 몇 가지 측면을 심도 있게 살펴보자. 그러면 이 의문에 대한 답변도 어느 정도 찾을 수 있다. 공진화co-evolution 개념부터 살펴보자.

아슐리안 문화

약 150만~20만 년 전 아프리카에서 처음 시작되어 유라시아 일대로 확산했다. '양면핵석기biface'로 대표되는 문화적 단계로, 석기를 점차 정교하게 제작해서 사용했다. 아슐리안이라는 명칭은 프랑스 북부 솜Somme 지방에 있는 생-아슐Saint-Acheul 유적지에서 유래했다. 19세기 고고학자 가브리엘 드 모르티예Gabriel de Mortillet가 선사시대 연대 가운데 하나로 붙였다. 이 시기 양면핵석기는 몸돌의 양면에서 파편을 제거해 만들었기에 양면이 대칭을 이루었고, 손으로 쥐는 부분은 두껍고 둥근 반면 끝은 날카롭고 뾰족했다. 양면핵석기는 손잡이가 없지만 만능도구였다. 자르고 찌르고 때리는 용도로 모두 사용되었다. 이를 바탕으로 이후 등장한 문화에서 수많은 도구가 발명되었다.

공진화란 무엇인가?

저자 프랑수아 봉 François Bon**과 이 총서 편찬 책임자이자 고고학자인 안 로즈 드 퐁테니유** Anne Rose de Fontainieu**의 대담**

프랑수아 봉 교수님께서는 이 책에서 공진화라는 용어를 동일한 종種 **안에서 사용하시는데요, 정확히 어떤 의미입니까?**

일반적으로 공진화는 주어진 환경에서 서로 다른 두 종이 공동으로 진화할 때 사용합니다. 하나의 종이 하는 행동이 다른 종의 행동을 좌우하고 서로의 진화에 영향을 주지요. 먹이와 포식자의 경우가 좋은 사례입니다.

그런데 이 책에서 저는 이 용어를 동일 인구 집단에 적용했습니다. 정확히 말하자면, 동일한 호미니드 종 안에서 일어나는 공진화로 기존 개념을 반박했습니다. 기존 개념은 인류가 어느 날 갑자기 자연에서 분리되어 나왔다고 주장합니다. 자연선택설을 바탕으로 생물학적 차원에서 자연 진화가 먼저 있었고, 그 다음에야 또 다른 변화의 원동력이, 이번에는 문화적 차원에서 있었다고 말합니다.

그렇다면 언제 이런 일이 일어났을까요? 이 낡은 개념의 주장에 따르면, 생물학적 진화에서 문화적 진화로의 이행은 250만 년 전, 즉 최초의 '호모'가 등장한 시점에 이루어졌다고 합니다. 최초의 인류에게 문화적 차원의 진화를 할 능력이 있었다고 주장하는 것이죠. 일각에서는 현생 인류인 호모 사피엔스가 출현한 이후에야 문화적 진화가 이루어졌다고도 합니다. 하지만 제 의견은 다릅니다. 저는 오히려 아주 오랜 기간에 걸쳐 생명 작용과 행동이 공진화, 즉 공동으로 함께 진화했다고 봅니다.

여기서 말하는 행동이란, 선천적으로 타고난 행동이 아니라 후천적으로 습득되고 전수되는 행동이어서 문화적이라 정의할 수 있는 것을 뜻합니다. 어떤 인구 집단이 환경에 따라 새로운 행동 방식을 발명하고 이를 후대에 전수하면, 후손들은 그들의 환경에 맞게 이를 적응시키지요.

이러한 새로운 행동은 우리의 가장 먼 조상들의 생물학적 진화에 영향을 주었고, 이는 다시 행동의 진화에 영향을 미쳤습니다. 말하자면, 공진화란 공동 건설이라는 의미에서 양방향으로 작용하는 상호작용입니다.

구체적인 예를 들어주시겠습니까?

그런 예는 많아요! 그래도 언어를 제일 먼저 꼽고 싶군요. 동물도 의사소통 방법이 있는데, 그 역시 진화합니다. 그러나 본질적으로 불분명한 비분절음이나 자세, 몸짓이 주예요.

반면 인간만이 분절음을 발음할 수 있습니다. 인간은 생리적으로 소리를 조절해서 억양도 만들어 엄밀한 의미에서의 언어로 표현할 수 있습니다. 사피엔스와 네안데르탈인에게는 이런 능력이 있었던 것으로 알려져 있습니다. 이들의 발성 기관과 특히 인두咽頭에 있는 혀의 뼈, 즉 설골에 대해 연구가 이루어진 덕분이지요.

호모 에렉투스의 경우에는 이런 해부학적 증거가 없습니다. 하지만 이들이 사용한 석기의 크기로 능력과 기량을 추정해 볼 수 있는데 이런 관점에서 보면 호모 에렉투스는 대대로 전수되지 않았다고 보기 어려울 정도로 복잡한 기술을 사용하면서 진화했습니다.

아마도 언어 구사와 관련된 유전자 구조와 이런 유전자의 발현에 대해 연구를 통해 앞으로 더 많은 사실이 알려질 것이라 믿습니다.

언어가 공진화에 어떻게 적용되는 건가요?

설명해드리겠습니다. 사피엔스의 인두는 분절언어 발달에 맞는 형태입니다. 아마 이런 의사소통 발달을 원하는 사회적 압력 덕분에 그런 형태를 가졌을 겁니다. 사회가 구성되고 상호작용이 이루어지면서 생물학적 현상에 영향을 줄 정도까지 된 것이죠.

즉 사회적 환경이 언어를 선택한 겁니다. 언어가 꽃피울 수 있는 생물학적 특성이 선택되도록 영향력을 발휘한 거죠. 아마 수십만 년 전, 어떤 집단 안에서 가장 뛰어난 분절언어 생성 능력을 지닌 자가 동족들 가운데 두드러지게 성공한 삶을 살았을 겁니다. 이렇게 성공한 자가 더 왕성하게 번식해서 이런 형질을 후손에게 전해 주었을 테지요. 결국, 이 형질이 고착되었을 겁니다. 지금 우리가 말을 하는 것을 보면 말이죠.

하지만 언어의 발달에는 개념의 구상도 포함되어 있습니다. 우리는 주변에 있는 것들에 이름을 붙여 인지할 뿐만 아니라 이해하기 위해 개념도 만들어내야 합니다. 가령 시제 표현이 그렇죠. 또 언어는 비가역성을 잘 보여줍니다. 한 번 변하면 본래 상태로 돌아갈 수 없죠. 오늘날 우리는 진정한 비언어적 경험은 할 수 없습니다. 비언어적 경험을 생각해내기 위해서도 언어를 거쳐야 하기 때문이지요. 입으로 소리를 내기 도 전에 머릿속에서 언어로 생각하기 때문입니다.

따라서 공진화는 발성 기관 계통뿐만 아니라 뇌에서도 이루어집니다. 근본적으로 우리는 언어 없이는 생각할 수 없기 때문이지요. 이렇듯 언어는 쉽게 변하지 않는 공진화 과정을 잘 보여 줍니다.

언어나 직립보행은 우리 눈에 지극히 당연해 보이는 능력이지만, 이는 인간 사회 안에서만 발달할 수 있습니다. 학습과 매우 밀접히 연결된 형질을 어린아이가 발달시키려면 사회적 환경의 자극이 반드시 있어야 한다는 의미입니다. 그래서 늑대가 키운 아이는 인간의 말을 할 수 없는 거죠.

이 경우 역시 문화 테두리 안에서 영향을 받는 것입니다. 물론 말하거나 직립보행할 수 있는 생물학적 잠재력을 타고나는 것은 분명하지만, 이런 잠재력은 사회적 자극이 있어야만 발현될 수 있습니다.

방금 얼핏 언급하셨던 직립보행도 마찬가지로 공진화인 건가요?

450만 년 전 일부 오스트랄로피테쿠스에게서 직립보행의 흔적이 확인되었습니다. 화석 뼈대를 연구한 결과, 인체의 역학 균형이 전체적으로 진화한 것으로 밝혀졌습니다. 뒤통수 뼈의 큰 구멍을 통해 연결된 뼈대와 머리 접합부의 기울기를 보아 몸이 바로 선 자세를 취했던 것으로 보입니다.

또한 탄자니아 라에톨리에서는 키 작은 두 호미니드(어른과 어린이)가 370만 년 전에 남긴 발자국 화석이 발견되었습니다. 이 발자국은 그 당시에는 부드러웠던 화산재 위에 찍혔다가 이후 화석으로 굳어진 것이죠. 후속 연구 결과, 이들도 직립보행을 했던 것으로 드러났습니다. 그러나 유감스럽게도 800만~400만 년 전 화석은 거의 없고 그나마 있어도 불완전하거나 시기 추정이 잘 되지 않는 것들뿐이지요.

그래도 1,200만~800만 년 전에 일부 호미니드가 뒷다리로 서서 이동하는 능력을 조금씩 발달시켰다는 말은 할 수 있습니다. 따라서 우리는 아주 장기적으로 진화한 것이죠.

그런데 어떻게 이런 진화가 계속 이어져서 직립보행까지 이르렀을까요? 여러 방향으로 연구가 진행되었습니다. 그 가운데 하나가 프랑스에서 이브 코팡Yves Coppens에 의해 대중적으로 유명해진 '이스트 사이드 스토리(동아프리카지구대 동쪽은 초원이 생겨 최초의 인류가 출현한 반면 서쪽은 기존 환경이 유지되어 직립보행으로의 진화가 이루어지지 않았다는 주장-역자)'입니다. 이를 뒷받침하는 주인공으로 루시가 발견되면서 이 가설은 오랫동안 정설로 여겨졌습니다.

자연선택설을 기계적으로 적용해서, 나무에 사는 원숭이가 예전보다 탁 트인 환경에 놓이자, 시야에 포착된 포식자보다 더 빨리 달리고 멀리 내다보기 위해 몸을 일으켜 세울 필요성을 느꼈다고 본 것이지요. 덕분에 이들의 생존 가능성이 커졌고, 그 결과 이런 형질을 후대에 전수하여 서서히 고착화해서 쉽게 변하지 않는 것으로 만들었다는 주장입니다.

이 가설에서 직립보행의 등장을 설명하는 주요 요인은 생명 유지입니다. 하지만 사회적 환경의 역할을 주장하는 측에서도 잠자코 있지는 않았습니다. 물건을 손으로 잡는 능력을 발달시켜야 할 필요성 때문에 직립보행을 했다고 하는 연구자들도 많습니다.

이유야 어찌 됐든, 직립보행은 선천적으로 타고난 것이 아니라 학습의 결과인 것으로 보입니다. 즉 직립보행이 생명 유지에 중요했던 거죠. 그래서 이후 가장 발달한 개체들이 점차 자연선택되었습니다.

호모 에렉투스의 경우로 한정해 공진화 개념을 더 깊이 살펴보면 어떨까요? 호모 에렉투스는 환경에 잘 적응했던 것에 비해 그렇게 많이 진화하지 않았던 것 같거든요.

호모 에렉투스의 경우, 공진화가 비교적 뚜렷이 이루어지지 않은 것처럼 보이는 게 사실입니다. 그만큼 행동의 진화가 생물학적 형질 변화로 흔적을 많이 남기지 않았지요. 그래도 공진화 사례는 있습니다. 이들이 지구상에서 잘 적응할 수 있었던 주된 요인이 잡식성입니다. 뭐든 잘 소화하는 소화계와 뜯고 빻을 수 있는 치아 형태를 갖춘 덕분에 다양한 음식을 섭취할 수 있었던 것이 이들에게는 성공의 열쇠였지요.

가령 어떤 개체가 고기를 소화할 수 없으면 그 개체는 도태됩니다. 뇌의 발달에 동물성 단백질 섭취가 중요하다는 것은 잘 알려진 사실 아닙니까? 이렇게 발달한 뇌는 길을 가다 마주칠 수밖에 없는 최상위 포식자를 만났을 때 틀림없이 유용했을 겁니다.

이번에는 반대로 생각해 봅시다. 문화적 행동, 즉 불을 사용하기 시작한 덕분에 가열 조리가 가능해지고 이들이 섭취할 음식의 범위가 넓어졌습니다. 덕분에 이런저런 음식을 소화하는 능력을 생물학적 형질로 만들 수 있었지요.

우리 인류는 처음부터 잡식성이었습니까?

최초의 호미니드는 초식동물이었을 것으로 추정됩니다. 치아 마모 흔적을 봤을 때 모든 식물에 존재하는 규소가 남아 있는 것으로 알 수 있지요. 그러다가 400만 년 전부터 일부 오스트랄로피테쿠스에게서 잡식성이 자리를 잡은 것으로 보입니다. 그 뒤, 호모 하빌리스의 출현과 함께 '호모, 즉 인류' 안에서 이 잡식성 현상이 확대되었습니다.

호모 에렉투스는 완전히 잡식성이었습니다. 약 200만 년 전, 아프리카에는 여러 모습의 호미니드가 공존했습니다. 호모 하빌리스, 그 뒤에 등장한 호모 에렉투스와 동시대에 살았던 대표적인 호미니드는 직립보행을 하고 도구도 제작한 것으로 보이는 파란트로푸스입니다. 이들은 엄격한 채식주의자였고 뿌리를 특히 즐겨 먹었습니다. 그런데 이렇게 과도하게 식성을 특화한 탓에 파란트로푸스는 환경 변화에 약해졌고 멸종하고 말았습니다.

결론적으로 말하자면, 호미니드가 적응에 성공한 것은 특화되지 않았기 때문입니다. 예를 들면, 우리 인류는 식생활 차원에서 끊임없이 탈특성화를 추구했습니다. 보통은 특성화, 전문화할 때 성공한다고 생각할 수 있습니다만, 반드시 그런 법은 아니랍니다!

끝으로, 오늘날 지구상에는 단 하나의 인간 종이 남았지만, 이는 절대 이들이 모든 종과 겨루어 이겼기 때문이 아니라는 말을 하고 싶습니다. 그보다는 행동과 생명 유지 활동을 연결시킨 적응 과정이 그런 결과를 가져온 것입니다. 이런 과정은 지금도 계속됩니다….

2

사피엔스,
온 지구를 장악하다!

오늘날 우리는 늘 세계화를 이야기한다.
그래서 세계화가 최근에 생긴 현상처럼 느껴진다. 마치 예전에는 사람들이 이동하지 않았고, 사상의 교류도 거의 없었던 것처럼 말이다. 이런 생각은 한편으로는 맞고 또 한편으로는 틀렸다.
가령 300년 전 한 시골에 살던 농부라면 이웃 마을에서 벌어지는 일조차 전부 알지 못했을 수 있다.
그래도 어쩌면 그의 사촌 형은 다른 나라로 떠났을 수 있고, 사촌 여동생은 멀리 떨어진 다른 지방으로 시집갔을지도 모른다.
하지만 대부분이 거의 이동하지 않았다는 것은 사실이다.
그의 사촌들처럼 다른 나라나 지방으로 삶의 터전을 옮기는 일은 그 당시 인구 집단 가운데 몇몇만이 누릴 수 있었던 호사였다.
그런데 수천 년 전으로 거슬러 올라가 보면, 그때만 해도 지구에는 이곳저곳을 떠돌며 사는 수렵채집인밖에 없었다.
1만 년 전부터는 누군가 새로운 땅을 발견했다고 생각할 때마다 그 땅에는 이미 그와 비슷한 모습을 한 사람이 살고 있었다.
어째서 어디를 가든 매번 그런 일이 생겼을까?
거의 모든 곳에서…?

그들에게는 작은 발자국,
인류에게는 커다란 도약

앞쪽에 있는 세계지도(p.24~25), 즉 사피엔스가 지나온 길이 그려져 있는 세계지도를 다시 한번 들여다보자. 사피엔스의 이동 경로를 빠르게 돌려 보면 사실 꽤 어지럽다.

10만 년 전을 기준으로 삼으면, 사피엔스는 여전히 아프리카에만 틀어박혀 있었다. 물론 아프리카 자체만도 광활한 대륙이지만 북쪽으로 가는 길은 이미 오래전에 개척된 상태였다. 정확히 말하자면 근동에는 이미 진출했다. 하지만 그래도 사피엔스가 차지한 땅은 여전히 지구 전체 가운데 작은 부분에 불과했다.

그러다가 갑자기 이동이 시작되더니, 다른 지역에서 사피엔스가 출몰했다. 동쪽을 시작으로 (사피엔스가 어떤 경로로 아프리카에서 오스트레일리아까지 갔는지는 밝혀지지 않았다. 하지만 5만 년 전부터 오스트레일리아에 사피엔스가 살았다는 것은 이들이 동쪽으로 진출했다는 반박할 수 없는 증거다) 그다음에는 북쪽으로 이동해서 최소 4만 년 전부터는 유럽 여러 지역에 모습을 드러냈다. '구세계(즉 아프리카와 유라시아-역자)'를 종횡으로 전부 정복한 뒤, 오스트레일리아는 이미 누군가가 차지하고 있었으니 아메리카로 건너갔다. 아메리카 북단 베링해협에서 남아메리카 남단까지 대륙을 가로질러 내려갔다(사피엔스는 1만~1만 2,000년 전부터 파타고니아에 살았던 것으로 확인되었다).

이처럼 수천 년에 걸쳐 일어났던 일을 단 몇 줄로 나열하면 사피엔스가 하루아침에 전 세계로 퍼진 것처럼 보일 수 있다. 그래서 그사이 얼마나 많은 시간이 흘렀는지 분명히 짚고 넘어가야 한다.

무려 9만 년.

사피엔스가 에티오피아 오모Omo 계곡에서 누(남아프리카와 동아프리카에 서식하는 솟과의 포유류-역자)를 사냥하기 시작한 뒤, 중동의 갈릴리에서 가젤을 뒤쫓고, 오스트레일리아에서 캥거루를 사냥하던 시기와 아르헨티나 대초원에서 야생 라마를 요리해 먹기 시작한 시기 사이에 무려 9만 년이라는 시간 간격이 있었다. 그동안 인류는 적어도 4,500회의 세대교체를 했을 것이다. 만약 1세대마다 모래언덕 너머에 무엇이 있는지 보러 가느라 10km씩 이동했다고 가정한다면, 4,500세대를 거쳤을 때 총 이동 거리는 4만 5,000km가 된다(그러면 약 4만 km에 달하는 지구 둘레를 너끈히 한 바퀴 돈 셈이다).

사피엔스가 에티오피아 오모계곡에서 누를 사냥하기 시작한 뒤, 중동의 갈릴리에서 가젤을 뒤쫓고, 오스트레일리아에서 캥거루를 사냥하던 시기와 아르헨티나 대초원에서 야생 라마를 요리해 먹기 시작한 시기 사이에 무려 9만 년이라는 시간 간격이 있었다. 그동안 인류는 적어도 4,500회의 세대교체를 했을 것이다.

물론 이것은 완전히 엉터리 계산이다. 사피엔스가 앞으로 나아간 경우뿐만 아니라, 장애물을 만나서 멈추거나 뒤로 물러서고, 빠른 속도로 다시 앞으로 뻗어 갔다가, 높은 산맥이나 넓은 대양을 맞닥뜨리면서 다시 발이 묶이는 경우도 생각해야 하기 때문이다. 그럼에도 이 계산으로 추상적인 시간을 공간이라는 명백한 현실과 연결해서 파악할 수 있다.

자, 다시 눈을 돌려 사피엔스가 전 세계로 퍼질 수 있도록 한 조건을 살펴보자. 자연스럽게 가장 먼저 뇌리에 떠오르는 첫 번째 이유는 바로 인구다.

그런데 옛날 인구 규모를 따져 보는 일은 몹시 까다로운 문제 가운데 하나다. 그래서 이 문제를 다룰 때 가장 먼저 하는 말이 있다. 태고의 일에 대해 우리가 할 수 있는 것이라고는 이론적인 어림짐작이 전부이며, 이는 고대 인구학자들도 대부분 인정하는 사실이라고.

우리는 흔히 인간을 연약한 존재로 묘사하는 관성에 빠져 있다. 이쪽에서는 야수, 저쪽에서는 극지방의 기후와 맞닥뜨려야 하고, 간혹 이 두 장애물에 동시에 맞서야 할 수도 있다. 그런데도 인간은 기적적으로 시간과 공간을 헤쳐 나갔다. 마치 살아남기 위해 무슨 수든 다 써야 한다는 운명이라도 있는 것처럼 말이다….

하지만 필자의 직관에 따르면, 오스트랄로피테쿠스 이래로 호미니드는 적응에 상당히 성공했고, 이는 우리가 상상하는 것보다 훨씬 큰 인구 증가를 가져왔다. 그러나 이런 가설을 받아들여도 단순히 인구 압력을 근거로 사피엔스의 전 지구적 이동을 설명할 수는 없다. 실제로, 이들이 살던 곳 대부분은 많은 초식동물이 풀을

뜯어 먹고 사는 탁 트인 공간인지라(북부 대초원에는 순록, 남부 사바나에는 영양 등이 떼 지어 살았다) 인간에게 식량 자원이 풍부했기 때문이다.

그래서 인구 규모 자체만으로 인간이 생계를 위해 쉼 없이 이동했다고는 볼 수 없다. 특히나 사피엔스가 출현했을 즈음에는 이미 인류가 오래전부터 최상위 포식자였다. 그래서 어떤 사냥감도 예사로이 먹이로 삼았으며, 어떤 경쟁자와 맞서더라도 이기기 일쑤였다. 이 이야기는 나중에 다시 살펴보도록 하겠다.

환경 변화가 이동을 부추기다

반면, 선사시대 인류는 변화하는 환경 여건에 부응하기 위해 자주 옮겨 다녀야 했다. 여기서 명심해야 할 사항이 하나 있다. 고작 수천 년 만에, 때로는 불과 몇 세기 만에 빙기와 간빙기가 교대로 들이닥쳤고 이것이 기후에 미친 영향에 따라 세상은 끊임없이 변화했다.

그래도 세상에는 여전히, 그리고 그 이후로도 오랫동안 무인지대가 많았다. 아직은 지구가 인구로 가득 차려면 한참이나 먼 상황이었다. 이로써 인류의 거주지가 상대적으로 유동적이었던 이유가 쉽게 설명된다.

매우 간략하게 분류하면 두 가지 유형의 거주 환경이 있었다.

기후가 어떻든 사람이 살기에 항상 적합했던 곳과 사람이 살 수 있기도 하고 없기도 했던 곳이다. 가령 남부 유럽의 반도(이베리아반도, 이탈리아반도, 발칸반도)나 큰 강 유역 평원, 남프랑스 협곡에서는 100만 년 전, 최초의 호모 에렉투스가 도착한 이래로 한 번도 끊이지 않고 사람들이 살았던 것이 확실하다. 이때부터 이탈리아 북부의 포 평원, 프랑스 남부와 스페인의 가론강과 론강 유역에 인류가 살았다.

반면, 영국 남부에서 폴란드를 거쳐 러시아 평원으로 펼쳐지는 북유럽 대평원에는 온화한 기후일 때만 비연속적으로 사람이 살았다. '대빙하 시대'에 해당하는 가장 추웠던 때는 빙하가 런던이나 모스크바까지 내려왔기 때문에 그 주변은 사람이 살 여건이 되지 못했다.

따라서 우리가 여기서 다루는 수천 년 동안, 인류는 남쪽에 '모여 살거나' 때로는 북쪽까지 진출했다고 봐야 한다.

아프리카의 사정도 비슷했는데, 다만 차이점이라면 이곳에서는 건기와 사하라사막을 시작으로 사막지대가 확장됨에 따라 사는 곳이 달라졌다는 것이다. 북쪽에서 빙하가 확장하면 이에 대응해서 남쪽에서는 사막이 넓어졌다. 지구 전체적으로 순환하는 물의 양이 줄었기 때문이다.

따라서 아프리카에서도 일부 지역에서는 비교적 지속적으로 인구가 모여 살았던 반면, 다른 지역에서는 기후 변동과 지하수 상

황에 따라 사람들이 떠나기도 하고 모이기도 했다.

요약하자면, 떠돌이 생활을 했던 우리 수렵채집인들은 끊임없이 삶의 터전을 재구성하며 살았다. 하지만 그 과정이 개인이 피부로 실감할 수 없는 규모로 진행되는지라, 이들은 그렇게 살았던 것을 알지 못했다. 그래서 진정한 '이주'라기보다는 많은 인구가 정착하는 장소가 점진적으로 확대된 것으로 봐야 한다. 이들은 어떤 식으로든 진정한 인구 압력에 시달리지는 않았기 때문이다.

공동체주의자 호모 에렉투스

인류의 적응기를 살펴볼 때 자연스럽게 짚고 넘어가야 할 또 다른 중요한 사실이 있다. 인류는 사피엔스 이전부터 최상위 포식자로 군림했으며 사피엔스의 출현과 함께 그 위상이 더 강화되었다는 점이다. 10만 년 전에 이미 인류는 먹이사슬에서 높은 위치에 올랐다.

물론 하이에나 소굴 속 구역질나는 한쪽 귀퉁이에서 발견되는 불운한 사피엔스의 뼈도 있기는 하다. 그러나 이 정도는 같은 시기에 인류가 살았던 곳에서 발견된 동물의 잔해와 비교하면 아무것도 아니다. 인류의 거주지에는 곰, 바이슨(솟과 동물), 코뿔소, 들소(멸종된 소 오로크스aurochs-역자) 등 사납고 위험한 동물의 뼈가 산더미처럼 쌓여 있었다.

이것으로 보아, 인류는 틀림없이 오래전부터 효율적인 사냥 전략을 구사했던 것 같다. 하지만 솔직히 고백하자면 어떤 전략을 사용했는지는 잘 모른다….

그나마 우리가 이야기할 수 있는 것을 요약하면 이렇다. 호모 에렉투스의 시대에는 무기를 정교하게 제작하는 것이 크게 강조되지 않았다. 이 시기는 인류의 요람인 아프리카를 떠나 새로운 환경에 정착하는 사회가 처음으로 나타났다.

상당히 놀랍게도, 호모 에렉투스는 도축 도구는 다듬었지만 (아, 양면석기는 얼마나 우아한가!) 완벽한 무기를 만들려는 노력은 거의 하지 않았던 것으로 보인다. 물론 여기저기서 예외적으로 잘 보존된 몇몇 유물이 발견된 덕분에 이들이 나무로 만든 창을 사용했다는 사실 역시 잘 알려져 있다.

그러나 투창기나 활처럼 더 정밀한 무기를 사용했는지는 아직 확인된 바 없다. 호모 에렉투스는 주로 집단행동을 바탕으로 한 사

투창기

투창기는 사냥 관행을 완전히 바꾸었다. 이 무기 덕분에 손으로 창을 직접 던질 때보다 서너 배 빠른 속도로 창을 쏠 수 있었다. 그 결과, 사냥꾼은 먹잇감에서 멀찍이 떨어져 있으면서도 코앞에서 창을 던지는 것과 비슷한 수준의 정확성과 발사력을 손에 넣었다.

냥 전략을 썼던 것이 확실하다. 이들은 자연스러운 함정으로 활용할 수 있는 지형적 특성을 이용해 사냥을 했다. 이러한 사냥의 사회학이 이 시기 집단 구성에 매우 중요한 역할을 했다고 확신한다.

그럼에도 10만 년 전부터는 무기가 진화하기 시작했다. 기존처럼 집단 사냥도 여전히 했지만, 더 좋은 무기가 등장하면서 개인적으로 사냥하거나 적어도 소규모 집단으로 사냥하는 경우가 많아졌다. 이 시기부터 몇몇 아프리카 지역에서는 활이 발명된 것으로 보인다. 이들 지역에서 발견된 작은 송곳 같은 돌 유물은 화살촉으로 사용했다고밖에 생각할 수 없다.

돌 화살촉에는 질량과 속도에 관한 아주 간단한 물리 규칙이 적용된다. 즉 발사체가 가벼울수록, 그리고 발사 속도를 높여야 할수록, 발사 도구를 사용할 수밖에 없다. 그렇게 했더니 얻은 결과가 상당했다. 투창기와 활 덕분에 사냥꾼은 먼 거리에서도 사냥할 수 있어 먹이를 모는 기술을 크게 진화시켰다. 특히 사냥꾼이 일정 거리를 둘 수 있게 해 주어 사냥꾼을 보호했다.

우리가 선사시대 무기의 역사를 아무리 형편없이 파악했더라도, 한 가지 사실만은 확실하다. 사피엔스가 지구 전역으로 조금씩 퍼지던 5만 년 전부터는 무기를 만드는 기술적 해법을 찾는 일이 새로운 국면에 접어들었다는 것이다. 화살에 쓰이건, 투창에 쓰이건, 이제 뾰족한 촉을 손에 넣는 것이 중요해졌다. 촉의 재료로 돌뿐 아니라 뼈와 같은 재료를 쓰고 형태도 다양화시켰다.

촉이라는 이 작은 물건은 사냥에서 무기가 결정적인 역할을 했음을 보여 준다.

후계자 사피엔스

이렇게 대략만 살펴보아도 핵심을 파악할 수 있다. 사피엔스가 출현하기 전은 물론이고 특히 사피엔스가 역사를 이끌기 시작하면서, 인류는 창의력을 발휘하여 대부분의 지구 환경에 잘 적응했다. 인간은 이제 자연선택에만 의존하지 않았다. 끊임없이 다양해지는 환경과 상황에 대한 적응 요인을 의도적으로 창조해냈다.

선사시대 인류라고 하면 '자연인'을 여전히 떠올릴 정도로 자연과 가까운 이미지가 있다. 하지만 이와는 반대로 선사시대에도 이미 이런 적응 행동이 꽃을 피웠다.

현재 우리는 달나라로 날아갔고 머잖아 화성까지 가려 한다. 이 모든 것은 어느 날 갑자기 이루어진 혁신이 아니다.

사피엔스가 '후계자'인 것은 맞지만 단순히 하나만이 아닌 여러 타이틀을 받은 후계자다. 사피엔스가 살았던 아프리카 땅에서 그들보다 앞서 살았던 자들만이 아니라, 먼 길을 가면서 만난 동시대인들 가운데 일부 역시 그들의 선조라는 말이다. 한마디로 말해, 사피엔스의 성공은 사피엔스 단독으로 일구어낸 것이 아니다.

자, 이제 이를 자세히 살펴보자.

사피엔스가 유라시아에 진출했을 때, 이 대륙에는 이미 사람이 살았다. 그것도 아주 오래전부터. 기억하는지 모르겠지만, 호모 에렉투스가 이미 수십만 년 전에 그곳에 발을 들여놓았다. 그 뒤를 이은 인류 역시 호모 에렉투스의 길을 따랐다. 앞서 언급했듯, 약 10만 년 전 아시아에는 호모 에렉투스의 진화형이 있었고, 유럽은 네안데르탈인이 차지했다.

이후 역사가 이어졌는데 특히 4만 년 전부터 변화가 두드러지게 나타났다. 유라시아 대륙 전역에서 사피엔스가 우위를 차지함에 따라 다른 인간 종은 자취를 감춘 것이다.

이를 두고 우리는 성급한 결론을 내렸다. '슈퍼 사피엔스'와의 경쟁에서 패한 다른 인간 종들이 구석기시대에서 신석기시대로 넘어가는 모호한 시기에 사라져 버렸다고 말이다.

이 얼마나 멋진 시나리오란 말인가!

이런 관점을 바탕으로 우리는 본디 우월한 사피엔스가 어리석은 네안데르탈인을 이긴 것이니 자업자득, 사필귀정이라고 이야기했다. 그러면서 역사의 흐름에 희생된 마지막 모히칸족과 같은 운명을 살아야 했던 네안데르탈인에게 측은지심을 갖기도 했다….

그러나 이 네안데르탈인의 '실종 사건'은 잘못된 범죄 소설에 불과하다. 시체가 없으니 범죄도 일어나지 않았다고 전제하는 경우처럼 말이다…. 이렇게 생각하는 이유는 최후의 네안데르탈인이 잘 지내다가 어느 날 갑자기 예고도 없이 자취를 감춘 것으로 보이기 때문이다.

유전자 혼합 네안데르탈인?

그러다가 고유전학이 발전하면서 네안데르탈인 사건의 1차 부검 결과가 세상에 드러났다. 결과는 놀라웠다. 현생 유럽 인구 가운데에는 여전히 네안데르탈인의 유전자가 미미하지만 몇 % 남아 있다는 것이 밝혀졌다. 겉으로 드러나지는 않지만, 우리 안에 분명히 존재한다는 말이다.

그러니 지구상에서 네안데르탈인이 완전히 사라져 버렸다고 추정하기보다는, 네안데르탈인과 사피엔스의 유전자가 섞여서 서로 희석되었다고 생각하는 편이 더 합리적이다. 즉 유전자 혼합 덕분에 우리 가운데 일부가 지금도 그 유전자를 물려받았다고 봐야 한다.

이렇게 되면 앞서 언급했던 드라마틱한 시나리오 대신 그보다는 '영화 같지는' 않아도 훨씬 더 현실에 가까운 상호 동화 현상이 일어났다는 가설을 세울 수 있다. 유전자 속에 남아 있는 네안데르탈인의 흔적은 사피엔스가 홀로 모험에 나서지 않았다는 것을 보여 주는 간접 증거다. 유라시아에서 사피엔스는 확실히 네안데르탈인과 호모 에렉투스와 접촉한 것이 분명하다. 이렇게 되면 사피엔스가 그렇게 빠르게 퍼질 수 있었던 이유도 설명된다. 그들은 무에서 유를 만들어낸 것이 아니라, 이미 환경에 완전히 적응한 기존 사회와 만나 교류의 장을 벌이기 시작한 것이다….

사피엔스 VS 네안데르탈인

프랑수아 봉과 안 로즈 드 퐁테니유의 대담

교수님, 사피엔스와 네안데르탈인은 무엇이 다른가요?

둘은 서로 밀접한 관계에 있습니다. 네안데르탈인은 당시의 사피엔스와 비교하면 키가 작고 왜소했지만, 근육은 더 많았습니다.

하지만 이 둘 사이의 가장 큰 차이점은 뇌와 얼굴에 있습니다. 뒤통수를 보면 네안데르탈인은 그들의 조상인 호모 에렉투스처럼 길쭉했던 반면, 사피엔스는 둥글게 튀어나왔습니다. 두개골의 크기도 달랐지요. 네안데르탈인이 1,600㎤로 평균

1,450㎤였던 사피엔스보다 더 컸습니다.

사피엔스는 이마와 얼굴선이 더 가늘고 섬세했으며, 네안데르탈인은 골격이 튼튼했고 특히 눈썹 윗부분인 안와상부 능선이 많이 돌출되었습니다. 덕분에 네안데르탈인은 우리가 흔히 눈두덩이라고 부르는 곳에 햇빛 가리개가 있었던 셈이지요. 인간의 뇌는 좌우 비대칭이 특성 중 하나인데 이는 사피엔스, 네안데르탈인, 호모 에렉투스 할 것 없이 모두가 동일합니다.

사피엔스와 네안데르탈인은 어떻게 친인척 관계가 된 겁니까?

사피엔스와 네안데르탈인은 모두 호모 에렉투스에서 갈라져 나온 종입니다. 호모 에렉투스는 지구상의 많은 지역에 살았습니다. 이들은 아시아에서는 커다란 변화 없이 그대로 진화했지만, 아프리카에서는 사피엔스가 되고 유럽에서는 네안데르탈인이 되었지요.

그렇다고 착각은 금물입니다. 그렇게 되기까지는 수십만 년이라는 시간이 걸렸으니까요. 오늘날에는 동서남북을 막론하고 호모 에렉투스가 최초로 이주했던 때를 180만~100만 년 전이라고 추정합니다. 100만~50만 년 전에는 기온 변동에 따라, 더 정확히 말하자면 빙하기와 간빙기의 주기적 변동에 따라 이들이 북쪽으로 올라가거나 남쪽으로 내려오는 현상이 일어났던 것으로 보입니다.

유럽에서 호모 에렉투스가 발견된 가장 오래된 유적지 가운데 하나가 스페인 북부 아타푸에르카Atapuerca입니다. 이곳의 그란 돌리나Gran Dolina 지층에서는 약 90만 년 전의 유적이 발견되었습니다. 35만 년 전에는 네안데르탈인의 특징들이 자리 잡았습니다. 이런 특징을 지닌 유골 30여 구가 아타푸에르카 유적지의 시마 데 로스 후에소스Sima de los Huesos 지층에서 발견되었습니다.

오늘날에는 이들을 전前 네안데르탈인으로 분류합니다.

이보다 조금 나중의 일로 추정합니다만, 아프리카에 남아 있던 호모 에렉투스 역시 진화해서 훗날 사피엔스를 대표하는 특징을 지니기 시작했습니다. 초창기 화석은 얼마 되지 않는데 대략 15만~20만 년 전의 것입니다(에티오피아 헤르토Herto 유적지나 오모1과 오모2 유적지, 이스라엘의 미슬리야Misliya 유적지 등에서 발견되었지요).

2018년 6월에는 모로코 제벨 이르후드jebel Irhoud 유적지에서 사피엔스로 분류되는 화석이 발견되었습니다. 연대를 추정해 보니 놀랍게도 30만 년 전의 것으로 확인되었습니다. 이로써 사피엔스의 출현이 훨씬 일찍부터 시작되었다는 것을 알았지요.

그러니까 사피엔스와 네안데르탈인은 '사촌뻘' 관계인가요?

꼭 그렇지는 않습니다! 30만~15만 년 전, 근동에서 호모 에렉투스 개체가 호모 사피엔스 개체로 진화한 것은 분명해 보입니다. 비슷한 시기에 같은 방식으로 유럽의 호모 에렉투스는 네안데르탈인이 되었지요. 이런 현상을 가리켜 종 분화라고 합니다. 같은 종이었던 인구 집단끼리 수십 세대에 걸쳐 접촉하지 않으면서 서로 멀어지며 갈라지는 것을 말하지요.

이렇게 분화된 인구 집단은 각기 새로운 종을 형성하고, 원칙적으로 생식적 장벽이 생겨 서로 생식이 불가능해집니다.

자, 이렇게 해서 호모 에렉투스라는 하나의 종에서 네안데르탈인과 사피엔스라는 새로운 두 종이 생겼습니다. 이들이 공존했던 초기에는 종간교배가 가능했으나 나중에는 불가능해졌다는 것이 학계의 공통된 의견이었습니다.

그런데 최근 이런 생각이 조금씩 달라졌습니다. 라이프치히의 막스 플랑크 연구소 소속 스반테 패보Svante Pääbo 연구팀의 연구가 그 계기가 되었습니다. 연구팀은 크로아티아 빈디자Vindija 동굴에서 발견된 네안데르탈인의 뼛조각을 현대인의 데이터와 비교했습니다.

그 결과, 현재의 유라시아 인구 집단에는 아프리카 인구 집단에 없는 유전자가 있다는 것이 밝혀졌습니다. 그 가운데 몇몇은 네안데르탈인과의 이종교배가 남긴 흔적이었습니다.

그렇다면 이종교배는 언제까지 거슬러 올라갈까요? 일각에서는 아주 오래전이라고 주장하는가 하면, 다른 일각에서는 네안데르탈인이 사라지기 직전까지라고도 합니다.

그런데 유적지에서 발견된 화석을 바탕으로 석기 기술을 연구하는 선사학자 대부분은 일찍이 일치된 의견을 드러내 왔습니다. 사피엔스와 네안데르탈인은 같은 능력을 지녔으며 같은 기술을 같은 용도로 사용했다고 말이지요.

간단히 말해, 이들은 서로 다른 종이지만, 기술적 행동으로 이들을 구분하는 것은 불가능합니다.

사피엔스와 네안데르탈인은 근동에서 만났을까요?

근동은 언제나 교차로 역할을 했습니다. 아프리카를 떠나 온 자들과 유럽에서 오거나 유럽으로 가는 자들이 모이는 만남의 장소였지요. 하지만 그곳에서도 인구의 흐름이 끊임없이 이어지지는 않았습니다. 그보다는 기후 변화 단계에 따라, 더 멀리까지 가야 할 필요가 생기냐에 따라, 각지에서 영토 팽창의 물결이 이어졌습니다. 하지만 이런 현상이 언제 발생했는지, 이와 관련해서 다양한 인구 유입이 정확히 언제 일어났는지 추정하는 것은 여전히 매우 어렵습니다.

그래서 여러 이론이 서로 대립하지요. 짧은 기간 접촉했다, 그게 아니라 오랜 기간 접촉했다, 또는 다소 오래전인 약 10만 년 전에 접촉했다, 다소 최근인 약 6만 년 전에 접촉했다 등 의견이 분분합니다.

앞서 교수님께서는 상호 동화를 언급하셨습니다. 한쪽이 다른 쪽의 영토를 빼앗은 것이 아니라는 말씀이신가요?

그런 견해에 따른다면, 사피엔스가 네안데르탈인을 영토 밖으로 몰아내서 급기야 지구상에서 사라지게 했다는 이야기가 됩니다. 여기서 잠시 4만~3만 5,000년 전의 고고학적 사실과 석기 기술을 살펴봅시다.

이 시기 이전은 명확히 무스테리안기로 분류되고, 그 이후는 오리냐크기로 나뉩니다. 따라서 수수께끼를 풀려면 바로 이 5,000년 동안을 살펴보는 것이 열쇠입니다. 이 당시의 과제는 발사체용 신형 촉을 만들 방법을 찾는 것이었습니다. 또 석기를 가지고 다니면서 이동하는 곳에 따라 환경에 적합하게 다시 깎아서 사용할 방법도 찾아야 했지요. 그래서 운반하기 쉬우면서 쉽게 다시 갈아 쓸 수 있는 물건을 만들기 시작했습니다.

덕분에 지구 어디에서건 돌칼을 사용했지요. 이와 함께 매번 새로운 곳으로 가면서 이동 전략과 사냥의 사회학 차원에서 행동도 크게 진화했습니다. 4만 년 전에도 인류는 이동 생활을 했지만, 그때만 해도 제한된 영토 안에서 이루어졌습니다.

그런데 4만~3만 5,000년 전에는 새로운 사냥 무기를 만들기 위해 여러 방안이 고안되었습니다. 이는 투창기 같은 도구의 확산과 관련되었을 겁니다. 관련 고고학 유적 전체를 살펴봤을 때 이 해법은 사피엔스가 만든 것이 분명합니다. 얇은 칼날을 기본으로 한 뾰족한 도구였으니까요.

이 기술은 이란에서 스페인, 웨일스까지 퍼져 나갔습니다. 그 과정의 끝에 있는 것이 오리냐크기입니다. 오리냐크기에 기술을 성공적으로 구현했다는 데는 의심의 여지가 없습니다.

그렇다고 네안데르탈인을 유전자나 기술 차원에서 패자로 볼 수는 없습니다. 이 두 측면에서 네안데르탈인은 사피엔스와 어느 정도 같은 움직임을 공유했다고 할 수 있기 때문이지요. 오늘날에는 모든 정황으로 보아 사피엔스와 네안데르탈인은 공존했다고 생각할 수밖에 없습니다. 또한 네안데르탈인은 수십만 년간 살아서 잘 알던 유럽이라는 커다란 영토를 사피엔스가 정복할 수 있게 해 주었습니다.

감히 한 걸음 더 깊이 들어가서 말씀드리자면, 바로 이렇게 두 종이 섞인 덕분에 전 지구적으로 문화적 진화가 일어날 수 있었던 것입니다.

오늘날 유럽인에게 네안데르탈인의 유전자가 4% 남아 있는 것으로 알려져 있는데요, 이에 대해 어떻게 생각하십니까?

선사학자인 저로서는 뭐라 답하기 어렵군요. 이는 자연인류학자(문화인류학과 대비해서 인류의 생물학적 측면을 연구하는 인류학의 한 분야-역자)에게 더 적합한 질문일 듯합니다. 그래도 후손 하나 남기지 않고 전체 인구 집단을 멸종시킨 다양한 현상

무스테리안 문화

중기 구석기시대(보통 30만~4만 년 전까지로 본다-역자)의 주요 문화다. 30만~20만 년 전 아슐리안 문화에서 천천히 등장하기 시작해서, 약 3만 년 전까지 유럽 전역과 아시아 일부 지역에서 번창했다.

오리냐크 문화

4만~2만 5,000년 전에 주로 유럽에서 나타난 가장 오래된 후기 구석기시대(약 4만~1만 년 전-역자) 문화다. 또한 '현대성'이 드러난 최초의 문화이기도 하다. 주로 이 시기 예술작품에 뚜렷이 나타나는데 대표적으로 쇼베Chauvet 동굴벽화가 있다.

들, 병목현상(10만 년 전 아프리카 인구가 급격히 줄어든 현상-역자)이나 대역병 등이 떠오르기는 하네요.

제가 보기에 3만 5,000년 전에 살았던 인류가 지금까지 우리 유전자에 눈에 띄는 흔적을 남겼다는 것은 이들이 오랜 기간에 걸쳐 끊이지 않고 유전자를 교류했다는 명백한 증거입니다.

이 대목에서 잠시 루마니아의 오아세Oase 유적지를 살펴보죠. 이곳에서는 약 3만 8,000년 전 사피엔스로 분류된 두개골이 발견되었습니다. 유전자 분석 결과, 이 유골의 주인은 적어도 증조부모가 네안데르탈인이었던 것으로 밝혀졌습니다.

이러니 유럽에 사피엔스만 살았다고 어떻게 생각할 수 있겠습니까?

네안데르탈인과 사피엔스가 연속적으로 관계를 맺으면서 사피엔스의 확산에 가속이 붙었던 거지요. 그렇게 사피엔스가 퍼져나갔습니다. 저는 두 종이 함께 살면서 유전자가 점진적으로 겹치고 희석되었다고 생각합니다. 그럼에도 결국 사피엔스가 훨씬 더 막대한 인구로 승기를 잡고 네안데르탈인을 동화시키는 데 성공했지요.

이 부분은 이자벨 크레브쾨르Isabelle Crevecoeur와 공동 집필한 다음 장에서 명확히 설명하겠습니다.

토론

과거의 사피엔스가 현대의 우리에게 남긴 것들

과거 속 현대성:
하나의 개체를 서로 다른 두 시각, 즉 생물학적 시각과 문화적 시각에서 분석했다. 그 결과, 일부분의 선명한 몽타주가 완성되었다. 과학은 계속 발전하고 있으니까.

사피엔스 해부학을 전공한 고생물학자 **이자벨 크레브쾨르**와 사피엔스 제작 석기를 전공한 선사학자 **프랑수아 봉** 사이에 펼쳐진 토론

프랑수아 봉: **박사님은 사피엔스 해부학을 전공한 고생물학자로서 언제부터 사피엔스가 존재했다고 보시는지요?**

이자벨 크레브쾨르: 인간 종에게 고유한 몇몇 특성이 나타나기 시작한 순간부터 사피엔스가 존재했다고 생각합니다. 반드시 모든 특성이 다 나타날 필요는 없습니다. 유전 변화와 연관된 특성들, 개인의 발달 시기 가운데 아주 일찍 나타나는 특성들만 있으면 됩니다.

최신 연구에 따르면, 이런 종류의 특성은 모로코의 제벨 이르후드에서 발견된 30만 년 전 화석에 이미 나타납니다. 이 인류 화석의 얼굴 형태는 우리와 같습니다. 뇌머리뼈는 아직 우리와 완전히 같지는 않지만, 크기 측면에서 보면 현재와 비교했을 때 점진적인 진화 과정에 해당합니다.

프: **상대적으로 얼굴 특성을 중요하게 거론하시는 이유가 있습니까?**

이: 얼굴이 사피엔스의 특징을 잘 보여 주기 때문입니다. 또 화석 유골 가운데 가장 잘 보존된 부분이 치아, 머리뼈, 아래턱뼈이기도 하고요.

물론 호모 사피엔스에게는 다른 특징들도 있습니다. 하지만 이 특징들은 환경 조건과 생활방식의 영향을 많이 받기 때문에 상대적으로 의미가 작습니다. 반면, 머리뼈 측면이 돌출하고, 얼굴이 축소되며 튀어나온 부분이 들어가고 아래턱뼈 위에 턱이 있는 것은 외부 조건에 영향받지 않는 유전적으로 매우 중요한 특징입니다.

사피엔스보다 오래된 화석이나 네안데르탈인 같은 동시대 화석에서는 발견되지 않는 이러한 특성들은 모든 개체에 해당하는 유전적 특징으로 호모 사피엔스 종만의 특징이 되는 것이죠. 그래서 저는 화석에서 이런 특징들이 전부 혹은 일부 발견되는 순간부터가 호모 사피엔스라는 표식이 달리는 것이라고 봅니다.

프: 그렇다면 사피엔스의 특징을 모두 지닌 인류는 언제 등장했다고 보시나요?

이: 시기를 명확하게 규정해야 한다면, 아마도 플라이스토세 중기가 끝나가는 약 16만 년 전일 겁니다. 대표적인 화석이 에티오피아 헤르토 유적에서 발견된 인골 화석입니다. 뒷머리뼈 유골은 발견되지 않아서 이 가설을 완전히 입증하지는 못하지만요.

물론 본디 화석은 지극히 단편적인 데다 보존 상태도 불확실하니 화석 기록을 다룰 때는 주의해야 합니다. 하지만 최근의 발견들 덕분에 현재 학계에서는 오랜 시간에 걸쳐 점진적인 진화가 이루어진 것이 정설이라고 봅니다. 예전에는 갑작스러운 사건, 급속한 종 분화가 일어났다고 생각했지요.

프: 이스라엘의 스컬Skhul이나 카프제Qafzeh에서 발견된 사피엔스처럼 널리 알려진 10만 년 전의 사피엔스를 생각해 봅시다. 이들을 우리 사이에 섞어 놓는다면 전혀 눈치채지 못할 만큼 이들의

모습이 현재 우리와 비슷할까요?

이: 전혀 튀지 않고 우리 사이에 자연스럽게 섞이는 이들도 있겠지만, 그렇지 않은 이들도 있을 겁니다. 후기 플라이스토세가 끝나는 1만 년 전까지 세월이 지나더라도 이런 상황은 거의 같을 거예요. 그렇기에 16만 년 전부터 온전한 의미로 모두가 호모 사피엔스였다고 하면서 기한을 나누는 것은 후기 플라이스토세 전체와 그 이전, 즉 중기 플라이스토세에 아프리카에 존재했던 다양성을 부인하는 셈이 됩니다. 그러니까 사피엔스의 모든 조건을 충족하는 자들이 있는가 하면, 때로는 여러 가지 옛 특징을 모자이크처럼 여전히 간직하면서 사피엔스로 분류되는 자들도 있었습니다.

결국 가장 현대적인 의미에서의 사피엔스는 겨우 1만 년 전부터 존재했다고 추정할 수 있습니다. 이 시기부터 인구 집단 전체가 현재 모습을 모두 지녔으니까요. 그전까지는 그 모습이 천차만별이었습니다. 때로는 현대적이었고, 때로는 현대적이 아니었고, 또 때로는 완전히는 아니어도 어느 정도는 현대적인 모습을 했지요.

플라이스토세의 사피엔스가 지녔던 다양성은 이제 대부분 사라져서 현재는 찾아볼 수 없습니다.

프: 고생물학자나 생물학자는 무엇으로 종種을 정의하는지 다시 한번 정리해주시겠습니까? 양측 모두 같은 기준을 적용하나요, 아니면 다른 기준이 있는 건가요?

이: 생물학자는 살아 있는 사람이나 유전자 데이터(또는 고유전학적 paleogenetic 데이터)를 바탕으로 연구합니다. 생물학자가 종을 나누는 기준은 이종교배 가능 여부입니다. 즉 생식 능력과 생존 능력을 지닌 후손을 함께 낳을 수 있는 개체들은 같은 종에 속한다고 보는 것이지요. 만약 후손이 생식 능력이 없거나 완전히 생육하지 못한다면, 이들은 별개의 종이 됩니다.

아직 확실히 말하기에는 근거가 희박하지만, 고유전학적 데이터에 따르면 네안데르탈인과 사피엔스는 어느 정도는 다른 종으로 보입니다.

반면, 고생물학에서 말하는 종의 정의는 다릅니다. 고생물학에서는 형태학을 바탕으로 합니다. 형태적 기준을 유전자 데이터나 발달 데이터와 연결하지요. 저희는 특히 환경에 영향받을 수 있는 특성은 근거로 삼지 않습니다.

가령 호미니드 이전의 우리 조상들이 공유했던 꼬리를 생각해 봅시다. 나중에 호모 속에 속하는 우리 혈통 안에서 어느 순간 꼬리가 사라졌지만 다른 혈통 안에서 그대로 남았습니다. 특히 남아메리카의 모든 영장류에는 꼬리가 계속 남아 있습니다. 고생물학 차원에서는 형태가 매우 비슷하나 시간이 지나면서 꼬리가 있는 집단과 없는 집단으로 나뉩니다. 꼬리가 없는 것이 한 집단을 정의하는 기준이 되지요.

예를 들어, 이 집단의 구성원들은 꼬리가 있는 집단의 구성원들과 치아 개수는 똑같지만, 꼬리가 없는 것입니다. 이렇게 되면 이전에는 존재하지 않았던 이 집단에만 해당하는 고유한 특징을 규정할 수 있습니다.

저희는 공통 조상에게서 나온 두 집단이 있으면 치아 개수, 손가락 개수, 꼬리 상실, 엄지손가락의 맞섬 움직임… 등의 기준 전체를 적용합니다. 영장류가 진화하며 여러 특징이 서서히 자리 잡으면서 여러 갈래로 갈라졌고, 그 결과 우리는 새로운 속과 종을 만들었습니다. 이것이 바로 고생물학적 고찰입니다.

앞서 제가 제벨 이르후드 화석에 관해 말했던 것도 바로 이것이지요. 그 이상 넘겨짚어서는 안 됩니다.

우리는 그 뒤로 역사가 어떻게 이어지는지 압니다. 제벨 이르후드 화석에서 처음 발견된 특징들이 오늘날의 우리에게까지 이어진다는 사실을 아는 것이죠.

프: 사피엔스와 네안데르탈인의 혼종화에 대해서는 어떻게 생각하십니까? 앞서 이 둘 사이에서 나온 혼종은 생식 능력과 생존 능력이 없다는 식으로 말씀하셨는데요. 하지만 현재 인구 집단에 그 유전적 흔적이 남아 있지 않습니까?

Nean
der tal
Sapie

이: 사피엔스와 네안데르탈인 사이의 혼종화가 성공했다면, 표현형phenotype(겉으로 드러나는 생물의 특성. 유전자형genotype과 대비되는 용어-역자) 차원에서 혼종화의 발현이 관찰되어야 합니다. 즉 관찰 가능한 해부학적 특성이 존재해야 하고 이 특성을 분석할 수 있어야 한다는 말입니다. 하지만 현실은 그렇지 않습니다.

루마니아 오아세 화석의 경우는 예외입니다. 이 화석은 조금 특별한 형태를 지녀서, DNA 분석 결과로 확인하기 전에도 화석의 주인이 혼종일 것 같다고 알려졌지요. 하지만 이를 제외하면 그 외 다른 지역에서는 화석으로 혼종화가 이루어졌다고 확인하기는 어렵습니다.

물론 이것은 설명하기 복잡한 문제입니다. 사피엔스와 네안데르탈인 사이에 이종교배가 이루어졌기 때문에, 이 둘을 같은 생물학적 종으로 묶고 싶은 마음이 드는 것은 사실입니다. 다만 Y 염색체(남성 혈통) 연구를 통해 얻은 최근의 데이터를 보면, 현재의 호모 사피엔스 안에서는 이 Y 염색체에 네안데르탈인의 흔적이 전혀 남아 있지 않은 것으로 밝혀졌습니다.

따라서 사피엔스와 네안데르탈인 사이에는 특정한 생물학적 장벽이 있다고 추론할 수 있습니다.

현재의 연구 결과를 토대로 할 때, 남성 혈통에 네안데르탈인의 흔적이 없다는 것은 혼종 남성이 생식 능력과 생존 능력이 없었다는 의미니까요. 현대의 몇몇 유라시아 개체의 게놈에서 네안데르탈인의 흔적이 발견되기는 했지만, 이 경우에도 Y 염색체에는 전혀 남아 있지 않습니다.

이를 구체적으로 보여주는 현상이 오늘날 네안데르탈인 남성과 사피엔스 여성의 교배로 탄생한 혼종 남성의 후손이 없다는 겁니다.

반대로, 네안데르탈인 여성과 사피엔스 남성 사이에서는 생존 능력이 있는 후손이 생겼다고 생각할 수 있습니다. 오늘날 우리에게 그런 흔적이 남아 있으니까요.

프: 그러니까 이종교배 결과

일부만 살아남을 수 있었기에, 4%라는 수치는 상징적이라는 말씀이신가요?

이: 그렇습니다. 그리고 혼종 혈통은 '낙오'되었을 것으로 생각해 볼 수 있습니다. 틀림없이 오아세 화석이 그런 경우였을 겁니다. 오아세에서는 사피엔스이면서도 네안데르탈인의 특성을 가진 화석이 발견되었습니다. 즉 이 화석은 외형적으로 혼종의 특성을 보입니다.

이 화석의 유전자 데이터를 보면 상당히 최근에, 즉 조부모나 증조부모 대에서 혼종화가 이루어진 것 같습니다. 그러나 이 화석의 DNA는 현재 남아 있지 않습니다. 따라서 그 시대의 다른 많은 혼종 혈통과 마찬가지로 이 화석의 혈통도 낙오된 혈통이라는 가설을 세울 수 있습니다.

프: **그러면 현재 인류에게는 성공한 혼종화의 흔적이 있고 실패한 혼종화는 화석에만 남아 있겠군요. 사피엔스와 네안데르탈인 사이의 불완전한 생식 능력이 문제가 되어, 현대의 유전자 풀에서 네안데르탈인이 서서히 감소하면서 결국 사라진 것이라고 볼 수 있을까요?**

이: 저는 그렇게 생각하지 않습니다. 우선 약 6만 년 전에 발생한 이 혼종화는 네안데르탈인이 멸종하기 훨씬 전에 일어났기 때문입니다. 그 이후로도 2만 년 동안 네안데르탈인 개체군은 줄어들지 않고 존속했으니까요. 물론 사피엔스와 네안데르탈인 사이에 이종교배가 이루어졌다는 증거가 발견된 4만 년 전의 오아세 화석처럼 반대의 예가 존재하긴 합니다. 오늘날에는 당연히 아프리카 대륙 밖에서, 아마도 근동에서도 아주 오래전에 혼종화가 일어났다고 생각합니다. 그 근거가 되는 생물학적 연구 결과는 많지만 여기서 설명하기에는 너무 복잡하군요.

게다가 네다섯 군데의 유적지에서 발견된 후기 네안데르탈인(4만 년 전)의 핵 DNA를 추출했더니, 이들의 게놈에는 호모 사피엔스의 흔적이 전혀 없는 것으로 밝혀졌습니다.

이것은 네안데르탈인이 현생 인류 안에서 점진적으로 감소하지 않았다는 뜻입니다. 이를 뒷받침하는 데이터가 거의 없다는 것은 잘 알지만, 이것이 지금 제 연구 가설입니다.

프: 그렇다면 현재의 인류가 지닌 다양성은 어떻게 생각하십니까? 이런 다양성이 네안데르탈인이나 데니소바인, 기타 호모 에렉투스 같은 집단의 흔적을 간직한 오래전 사피엔스의 모습에 뿌리를 둔다고 보십니까? 아니면 현세에 이루어진 진화의 결과라고 생각하십니까?

이: 현재의 다양성이 언제 기원했냐고 묻는다면, 아주 최근이라고 답할 수 있습니다. 엄격하게 기한을 한정하지 않고 이야기하자면, 약 2만 년 전 마지막 최대빙하기 last glacial maximum 때입니다. 말하고 보니, 제 연구 분야가 아닌 곳까지 왔네요.

프: 최근의 인류가 매우 다양하다고 하셨는데, 유독 사피엔스 외형이 성공을 거둔 이유를 어떻게 설명하시겠습니까?

이: 선사시대 인류의 가변성이 컸던 것과 관련지어서 사피엔스의 외형이 '성공'한 이유를 설명하려니, 답보다는 의문이 더 많이 떠오르네요.

예를 들면, 이런 의문이 생깁니다.

인지혁명이 일어나서 사피엔스와 세상의 관계 또는 사피엔스 사이의 관계에 변화가 생겼을까? 이런 가설을 세워 보지만, 어느 시점에 인지혁명이 일어났다고 봐야 할지는 모르겠습니다.

인지혁명이라고 하면 당연히 기호나 추상, 예술의 등장… 등을 떠올립니다. 하지만 실제로는 최근, 즉 4만 년 전 이후, 특히 기호가 등장한 이후의 고고학 데이터와 화석 데이터가 워낙 많아서 그런 것일 뿐입니다. 어쩌면 이런 담론이 편향되었을 수도 있겠다는 느낌이 듭니다.

우리가 아직 알아내지 못했을 뿐, 틀림없이 그 이전에도 못지않게 의미심장한 변화가 있었을 겁니다.

우리는 단지 오래전에 확립된 인지 능력이 가져온 일종의 '과대특수화 overspecialization(생물의 진화 과정에

서 어떤 형태가 지나치게 특수화하는 현상-역자)'의 결과만 보는 것은 아닐까요? 우리가 활용한 이 능력은 환경의 제약을 받은 결과에 불과한 것은 아닐까요? 과연 우리는 다른 종과 정말로 다를까요?

흔히 우리를 가리켜 환경을 파괴하는 유일한 종이라고들 합니다만, 정말 그럴까요? 그런 종은 우리 말고도 있지 않을까요? 규모가 달라서 그렇지, 박테리아가 대표적이지 않나요?

프: 달리 말하면, 사피엔스가 자기 능력으로 성공했는지, 아니면 환경·역사적 현상에 의한 것인지 파악하는 것이 관건이라는 뜻인가요?

이: 아마 두 가지 모두가 작용했을 겁니다. 언어를 예로 들어봅시다. 언어가 분명 주도적 역할을 했죠. 언어 덕분에 시간을 추상화하고, 사물에 대한 장기적 개념을 형성하고, 복잡한 정보를 전달하는 일이 가능해졌지요. 하지만 언어는 네안데르탈인도 가졌습니다. 따라서 언어는 결정적인 기준이 아닙니다.

행동과 관련해서 우리는 흔히 종을 설명할 때 집단적 성향이라거나 개인적 성향이라고 합니다. 그런데 사피엔스 안에는 이 두 성향이 복합되어 존재합니다. 우리는 집단으로서의 정체성도 필요로 하고, 동시에 하나의 개인으로도 존재해야 하지요. 일종의 이중성이라고 할 수 있는 이런 특성이 혁신의 요인이자, 변화와 진보, 진화로 이끄는 역할을 했을 겁니다.

프: 우리는 인류 사회를 안정되고 일관되었다고 여기는 경향이 있습니다. 하지만 사실은 대립으로 가득해 이를 조정하느라 우리는 많은 시간을 소모합니다. 그렇다면 이것이 현대적 특성인지 아닌지 당연히 의문을 가질 만합니다. 또한 고대의 사회 형태가 훨씬 더 동질적이지 않은지, 그래서 안정적으로 기능을 유지한 것은 아닌지 자문할 법합니다.

한 집단의 기능과 개체화 현상 사이에는 복잡한 균형이 유지됩니다. 그러다 어느 순간 이런 균형이 행동의 혁신과 변화의 동력이 되었을 것입니다.

관건은 15만 년에 걸쳐 오래된 외형들이 사라지면서 사피엔스에게 유리하도록 생물학적 다양성이 감소한 이유를 파악하는 것입니다.

이와 함께 문화적 행동이 급증한 이유를 알아내는 것도 중요합니다. 문화적 행동이 폭발적으로 증가하면서 집단 안에서 그리고 여러 집단 사이에서 개체화 현상이 촉진되었고 사회적 규범이 필요해졌기 때문입니다. 생물학적으로는 감소하고

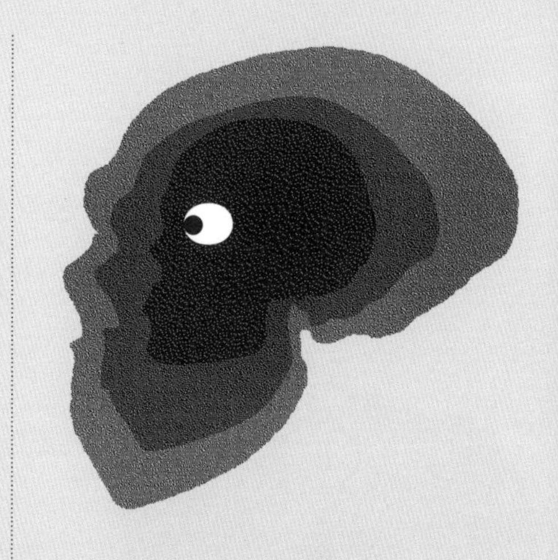

데니소바

시베리아 데니소바동굴에는 중기 구석기시대에 인류가 이곳에 정착했던 흔적이 남아 있다. 발견된 유적 가운데 인간의 손가락뼈도 있었는데, 보존 상태가 좋아서 유전자 분석을 할 수 있었다. 그 결과, 사피엔스도 네안데르탈인도 아닌 개체의 뼈로 판명되었다. 이는 사피엔스나 네안데르탈인과 마찬가지로, 아시아에서도 호모 에렉투스에서 진화한 인류가 살았다는 의미다. 데니소바인 역시 이 시기 인류의 다형성(형태적 다양성-역자)이 얼마나 컸는지를 보여준다. 유럽인 안에 네안데르탈인의 흔적이 남아 있듯, 멜라네시아인과 파푸아인에게서도 데니소바인의 유전자가 일정 비율 발견된다.

인류학적으로는 급증하는 이런 현상들을 연결하는 일은 여전히 과제로 남아 있습니다….

이제 무대 준비는 끝났습니다. 사피엔스가 인류의 족보에 올랐습니다. 물론 생물학적 관점에서 보면 사피엔스의 이야기는 우리 생각보다 조금 더 복잡하긴 합니다. 그러나 사피엔스가 고인류의 어떤 부분을 가지고 있든, 여전히 사피엔스는 인류 진화에서 마지막 대단원의 주인공입니다.

현재 고인류의 흔적은 눈에 띄지도 않고 논란의 여지도 있습니다. 앞서 이자벨 크레브쾨르가 말했듯이 사피엔스 역시 여러 갈래로 나뉘었습니다. 네안데르탈인뿐만 아니라 선사시대 사피엔스 가운데에서도 많은 혈통이 오늘날 후손 없이 대가 끊겼습니다. 그렇더라도 오늘날 우리에게 남은 생물학적 흔적이 무엇이건, 이들 과거의 개체군 모두가 합동해서 이바지한 결과로 진화가 이루어졌고, 우리는 이 진화의 공동 후계자가 된 것이 아닐까요?

오래전부터 우리는 '해부학적 현대성'을 '행동적 현대성'과 일치시켜서 우리 모두의 앞에 경계선을 긋고 싶어 했습니다. 이렇게 하면 동등한 능력을 지닌 단 하나의 종이라는 생물학적 현실에 맞아 들어갑니다.

뿐만 아니라, 이는 인문주의적 요구에도 부응합니다. 2세기 동안의 인종본질주의racialism(인종 분류를 긍정하는 사상으로 그 이면에는 인종차별주의가 깔려 있다-역자)가 최악의 범죄를 낳은 후, 우리에게는 함께 사는 집의 경계를 정하는 일이 급선무가 되었습니다. 이를 위한 방법으로 올바른 품성에 호소하는 것보다 더욱 사람의 마음을 움직이는 것이 있습니다. 고고학적 용어로 말하자면, 죽음을 대하는 태도와 장례, 장신구, 미술 작품이 그것입니다.

이런 내용을 앞으로 하나하나 살펴볼 것입니다. 그런데 그전에 주의사항이 있습니다. 장례, 장신구, 미술을 강조하다 보면, 자칫 이들이 가리키는 상징에만 관심을 보이는 것 같을 수 있습니다. 당연히 이는 사실이 아닙니다.

우리는 모든 상징적 표현의 이면에 있는 중요한 사회학적 기반을 헤아리고자 노력할 것입니다. 다른 한

편 이런 상징적 표현의 기반이 되는 사상이 이들 사회에 대한 우리의 인식에 어떤 영향을 주는지 알아볼 것입니다.

이를 위해 무덤을 연구하거나 동굴벽화에 감탄하기 앞서, 먼저 그들을 만나 일상생활부터 들여다보도록 합시다.

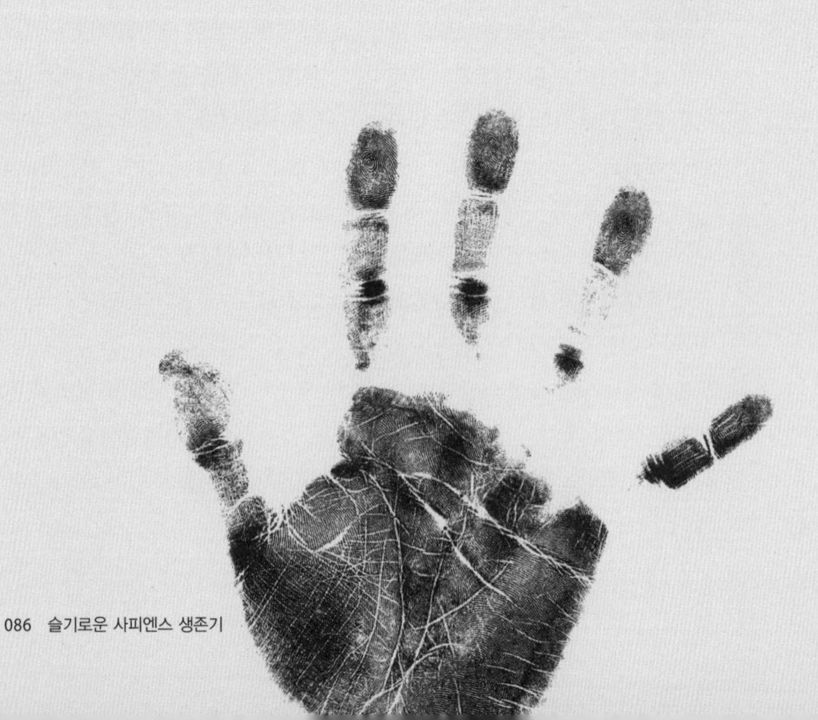

3

무리지어 기후 변화에서 살아남기

여러분은 구석기인이라고 하면 판에 박힌 이미지가 떠오를 것이다.
아마 꽁꽁 얼어붙은 사람들이 추위를 피해 옹기종기 모여 있는 모습
아닐까? 하지만 그들은 우리가 상상하기조차 어려운
빙하기와 간빙기가 반복되는 기후변화에 썩 잘 적응했다.
가령 중기 구석기(30만~4만 년 전)의 사피엔스와 네안데르탈인은
각기 수천 년, 더 나아가 수만 년간 지속된 세 차례의 주요 빙하기와
온난기를 겪어냈다. 그러는 동안 모든 것이 변했다.
빙하가 많아지거나 줄고 해수면이 상승하거나 하강했다.
그러면서 새로운 땅이 생기고 대륙과 대륙을 연결하는
새로운 길이 모습을 드러내기도 했으며, 그런 다음 다시 물로
뒤덮이기도 했다. 그 뒤를 이어 약 4만 년 전에 등장한
이른바 후기 구석기(4만~1만 년 전)인들은 특히 유럽에서
마지막 최대 빙하기를 이겨냈다.
이제 우리는 그들의 거주지에서 벌어지는 일상생활 속으로 깊이
들어가, 대빙하기에 완벽히 맞선 모습을 살펴본다.

8만 년 전으로의 시간 여행 이 시기 인류가 선호했던 먹잇감은 순록이나 바이슨이다. 이것만 보아도 인류가 이미 오래전부터 최상위 포식자로 군림했음을 알 수 있다. 인류의 역사는 '중기 구석기'로 불리는 이 시기에 시작되었더라도, 이미 아주 오래 전부터 인류는 다양한 모습을 거치면서 사바나와 스텝, 빽빽하지 않은 숲light forest과 덤불로 덮인 산등성이를 호령하는 존재였다.

어깨에 카메라를 메고 이 시기 인류가 살았던 거주지로 들어가 그들의 생활상을 담아올 수 있다면, 그들이 살던 야영지의 일상으로 들어갈 수 있다면 좋겠다. 아쉽게도 우리는 흐릿한 이미지만 얻을 수 있을 뿐이다.

여기서 첫 번째 교훈, 그들을 찾아 나선다면 놀랄 각오부터 단단히 하시라. 우선, 선입견은 버리고 동굴이나 은신처만 뒤지지 않도록 한다. 바람 부는 고원, 바위 아래나 굽이치는 강 옆도 충분히 그들의 거처가 될 수 있기 때문이다. 그들을 찾으려면, 무엇보다 그들처럼 이동 생활을 하는 수렵인의 입장이 되어 봐야 한다.

그런데 말이 쉽지, 참 어려운 일이다. 풍경이 달라졌고, 그들이 뒤쫓던 동물들도 사라지고 없기 때문이다. 게다가 우리는 이 동물들이 어떻게 이동했고, 특히 좋아하는 환경이 무엇인지 도무지 아는 것이 없다.

사람들은 아마도 주위 환경을 관찰하기 위해 높은 곳에 자리를 잡았을 것이다. 아니면 짐승들이 물을 마시기 위해 제 발로 찾는 곳과 가까운 얕은 강가에 살았을 것이다. 사냥감, 특히 덩치 큰 사냥감을 몰기 위해 당연히 지형 조건(깎아지른 계곡, 석회암 지대에 움푹 파인 함지)을 함정으로 활용했으리라.

물론 거주지가 반드시 사냥터 한가운데나 관측에 유리한 곳에 있어야 하는 것은 아니다(낮은 곳에 자리할 수도 있다). 모든 것은 사냥감이 무엇인지, 그 사냥감을 잡아 어떻게 하느냐에 달렸다.

가령 바이슨처럼 700kg이 넘는 큰 짐승을 잡으면 도축한 짐승 옆에 터를 잡고 지냈을까? 아니면 고기를 토막 내서 제일 맛있는 부위만 거주지로 가져갔을까? 순록처럼 조금 덩치가 작은 먹잇감을 사냥해서 통째로 집에 가져가는 것을 더 선호했을까?

전부 다 했다고 생각하면 된다. 유적지마다 출토되는 유물을 보면 그곳에서 어떤 형태의 사냥을 했는지 알 수 있다. 고고학자들은 유물을 토대로 당시 수렵인들의 머릿속에 들어가 보려고 노력한다. 유물은 그 유적지의 환경 특성과 그곳에 살았던 집단이 추구했던 사냥의 사회학을 반영한다.

거주지에 가까이 가면 젊은 남성이나 여성, 아이들은 물론이고, 쉰 살 남짓한 고상한 노인(과연 이 노인의 나이를 쉽게 짐작할 수 있을까?)이 맞아줄 것이다. 이 시기에는 사냥 중에 일어나는 사망 사고나 영아 사망이 많아서 기대 수명이 높지 않았을 것이다. 반면, 다리를 절뚝거리거나 팔이 잘려나간 사람이 한두 명 있더라도, 이들은 건

강 상태와 영양 상태가 좋으며 과도한 당분도 섭취하지 않아 건강이 좋을 것이다(닭장에 갇힌 닭도 없고, 특히 조류독감도 없었으리라).

아, 그들의 거주지에 다가갈 때 느껴지는 코를 찌르는 냄새를 맡을 수 있다면 얼마나 좋을까!

가령 바이슨처럼 700kg이 넘는 큰 짐승을 잡으면 도축한 짐승 옆에 터를 잡고 지냈을까? 아니면 고기를 토막 내서 제일 맛있는 부위만 거주지로 가져갔을까?

필자가 짐작하기에 냄새가 꽤 강했을 것 같다. 아마 야생 염소의 배를 방금 갈랐기 때문일 수도 있지만, 특히나 여기저기서 고깃덩어리가 부패해서 그럴 것이다. 물론 날씨에 따라 상황은 다르다. 불 근처를 벗어나면 다 얼어붙을 정도로 날씨가 춥다면 냄새도 거의 나지 않는다. 하지만 하이에나처럼 썩은 고기를 먹는 동물이 먼저 그곳에 드나들었다면, 솔직히 여러분은 숨도 쉬기 힘들 정도로 고약한 냄새가 날 것이다. 많은 경우가 그랬을 듯하다.

여러분을 맞이하는 사람들은 어떤 옷을 입었을까? 당연히 기후에 따라 다르다. 다양한 환경과 기후에서 그들을 만날 수 있는 만큼, 모든 가능성이 열려 있다.

하지만 쉽게 답할 수 없는 의문 하나가 남는다. 벌거벗었건, 아니면 잘 재단해서 바느질까지 한 가죽옷을 입었건, 과연 그들이 부끄러움을 알까?

누가 뭘 깎고 있지? 선사시대 인류의 모습을 보고 있는 여러분은 답 모를 질문을 계속 던지기보다는 금세 뗀석기에 시선을 빼앗길 것이다. 뗀석기는 땅에 여기저기 널려 있는데, 특히 화덕 주변에 많다.

여러분이 석기를 관찰하는 것을 보고 누군가가 다가와 석기를 넣어 둔 작은 가죽 가방을 열어서 보여 준다. 여러분이 석기에 관심을 보이고 중요하게 여기는 것을 알면 그들은 놀랄지도 모른다. 어쩌면 조금 짜증스러워할 수도 있지만, 확실한 건 그들은 까칠하기보다는 농담을 좋아한다는 것이다.

돌로 만든 석기 가운데 이처럼 아름다운 것은 거의 본 적이 없을 테니 여러분이 실망할 일은 없다. 그런데 석기의 성능이 좋다는 말은 꼭 해야겠다. 아, 이 얼마나 멋진 긁개란 말인가!

물론 기름기가 있어서 끈적거리고 심지어 군데군데 피도 묻어 있지만, 그래도 흠잡을 데 없이 얼마나 예리한지 모른다!

장담하건대, 그곳에 사는 누군가가 석기를 만드는 모습을 본다면 그 솜씨에 할 말을 잃을 것이다. 물론 여러분은 연구자나 박물관의 재현가들이 이런 석기를 매우 효과적으로 복원한 모습을 이미 본 적이 있을 수 있다. 하지만 이처럼 정교한 행동을 빠르고 연속적으로 이어가는 모습을 직접 목격하지는 못했을 것이다.

이런 행동이 놀라운 이유는 또 있다. 구석기인들이 돌덩이를 그렇게 편안하게 쥘 수 있으리라고는 꿈에도 생각지 못했기 때문

이다. 이런 기술을 습득하고 행동을 통제해 쉽게 사용하려면 얼마나 오랜 수련이 필요한지… 여러분도 잘 알 것이다.

그 유명한 르발루아Levallois 기법(중기 구석기시대의 몸돌 제작 기법-역자)이 좋은 사례다. ('떼기'는 몸돌에서 파편을 떼어내는 행위다. 정확하게 '르발루아 기법'을 따르면 원하는 형태의 파편을 얻을 수 있다.) 여러분의 눈앞에서 능숙한 르발루아 기법으로 날카로운 테두리와 날을 지닌 칼, 긁개, 찌르개가 만들어진다.

한쪽 구석에서 어린아이 한두 명이 훌륭한 석기 제조공이 되려고 열심히 연습하는 모습도 보인다. 다만, 미래의 고고학자가 이들이 만든 서툰 솜씨의 석기를 발견한다면 영문을 몰라 골치가 조금 아플 것이다.

자, 이제 사냥에 나서자. 근처에서 느닷없이 먹잇감이 포착되었다니 이 기회를 활용하자. 느닷없다고 해도 사냥터를 잘 아니 먹이를 잡을 수 있다는 기대는 충분히 할 만하다.

그럼 누가 사냥에 나설까? 틀림없이 남자들이 나서겠지만, 어쩌면 여자들도 사냥할 수 있다…. 알 수 없는 노릇이다.

사람들은 무리를 지어 사냥에 나선다. 창 하나만 든 그 모습에, 여러분 눈에 사냥 장비가 장난감처럼 보일 수도 있다. 하지만 사냥감을 모는 기술과 손발이 척척 맞는 집단 행동은 분명 완벽할 것이다. 투창기 같은 무기는 더 나중에 등장한다.

이 야영지의 본 모습은 어떨까?

안타깝게도 빛이 어둠에 가려지고 밤이 된다. 이제는 불 주변으로 어렴풋한 형태의 그림자가 드리워져 윤곽만 간신히 구별된다. 판자 울타리로 바람을 막을 수 있을까? 엄밀한 의미에서의 막집(역사적으로 구석기시대에 나뭇가지와 가죽 등을 이용해 만든 집을 가리킨다-역자)이 있을까? 그보다는 침낭 역할을 하는 이불을 다 같이 덮고 자려나? 숯불이 남은 불가에 둘러앉아 서로 이야기를 나누며 온기도 나눌까? 그런데 모두 정확히 몇 명이지?

아침에 이동할 때 그들은 저녁에 도착한 이곳과 다음 거주지에서 필요 없을 것은 다 남겨 두고 왔다. 20여 km 떨어진 다음 거주지로 옮겨 가면 그곳에서 며칠 혹은 몇 주간 머문다.

저런, 아직 멀쩡해 보이는 그 작고 예쁜 양면석기는 왜 버리고 온 거지? 그래, 무겁게 다 이고 지고 올 필요는 없다. 그들은 새로 양면석기를 만들 때 필요한 규석층이나 규암이 풍부한 곳이 어디 있는지 잘 알고 있다. 자신들이 이동할 땅을 잘 파악하고 있기에 즉흥적으로 아무 데서나 멈춰도 충분히 잘 지낼 수 있을 정도다.

이렇게 한 해 내내 꽤 정기적으로 이동하면서 생계를 이어가고 다른 가족들과 만나 친해지기도 한다.

가족이라? 이 시기의 가족은 어떤 모습일까? 이 부분에서 다시 이미지가 흐려진다. 이 시기 사람들은 가족이 무슨 뜻인지도 잘 모른다. 단지 남녀노소가 모여 인간 사회를 형성하고 그 안에서 지킬 규칙을 만들었을 뿐(그들이 만든 규칙이지만 그들은 옛날부터 규칙이 있었다고 생각한다), 그 실체는 모른다.

그들은 어디로 가는지 잘 알았다. 특히 새로 양면석기를 만들 때 필요한 규석층이나 규암이 풍부한 경사면이 어디 있는지 잘 알았다.

그건 그렇고, 이 사람들은 네안데르탈인이었을까 사피엔스였을까? 그것은 여러분이 어디로 갔느냐에 따라 다르다. 만약 피레네산맥에서 야생 염소 요리를 대접받았다면, 그곳에 살았던 사람은 네안데르탈인이다. 가젤을 먹고 동아프리카 지구대로 해가 지는 모습을 봤다면, 이번에는 사피엔스가 틀림없다. 두 지역 사이에 있는 근동에 갔다면, 네안데르탈인일 수도 있고 사피엔스일 수도 있다(더 나아가 양쪽이 조금씩 섞였을 수도 있다). 이들이 공존했던 중기 구석기시대에는 생계 관련 행동이나 생활양식 측면에서는 서로 차이가 거의 없었다.

그렇다면 죽은 자를 다루거나 산 자가 꾸미는 방식도 같았을까? 이에 대해서는 다음 장에서 살펴보겠다.

그사이에, 한 차례 시간을 건너뛰도록 하자. 자, 눈을 감고 5만 년의 세월을 지나 후기 구석기시대로 가자. 이 시기 사람들의 일상생활에서 무엇이 달라졌는지 잠시 둘러보자.

3만 년 전으로의 시간 여행

"뭘 어쩌려는 거지?"

가장 먼저 여러분의 주변을 빙빙 돌며 으르렁거리는 개를 보고 놀랄 것이다. 그 뒤로 사람들이 사는 곳이 보인다. 꽤 넓어 보이지만, 막집 뒤로 다른 막집이 가려져 있어서 한눈에 어디까지가 거주지인지 정확히 알 수 없다. 이번에는 거주지에 막집이 있는 게 확실하다(다만 막집이 구체적으로 어떤 모양이었는지는 필자도 모르기 때문에 함구하겠다).

사람들도 보인다. 적어도 열 명 남짓한 사람들이 각자 자기 할 일을 한다. 그런데 그들의 복장, 화려한 색상이 인상적이다. 가죽옷을 입고 팔과 손, 얼굴도 붉은 황토로 칠해서 붉은빛을 띤다. 그 밖에 다른 장신구도 했다. 가슴 부분에 진주를 꿰어서 달고, 머리는 조개로 꾸미고, 이마에 상아로 만든 띠를 둘렀다.

여러분은 이런 복장과 장식이 단순히 보온을 위한 것이거나 예쁘게 꾸미기 위한 것만은 아님을 짐작할 터이다. 물론 그 안에 정확히 어떤 메시지가 담겼는지는 모른다. 어쨌건 모두가 옷을 입고 장신구를 달았다. 아주 어린 아이들조차도.

사람들이 막집을 들락거리고 거주지 여기저기를 왔다 갔다 한다. 여기 이곳은 푸줏간처럼 보인다. 사람들이 야외에 있는 큰 불을 가운데 두고 앉아 부지런히 가죽을 벗긴다. 하지만 이 거주지가 정확히 어떻게 구성되었는지 파악하기는 여전히 어렵다.

이 막집의 주인은 누구지? 이 작업장은 누가 단독으로 쓰는 건가, 아니면 모두가 공동으로 사용할까? 전체적으로 상당히 질서가 있는 것처럼 보인다. 막집이 사람들을 악천후에서 보호하고, 가정이라는 공간의 경계를 나누고, 가족의 테두리를 정하는 역할을 한다는 것도 짐작할 수 있다.

그런데 가족이라기보다는… 하나의 '사회적 단위'라고 하는 편이 낫겠다. 이 시기에는 엄밀한 의미의 가족이 무엇인지 아직 모르기 때문이다. 얼핏 보면 모든 사람이 모든 일에 다 참여하는 것처럼 보인다. 뼈나 돌로 도구와 연장을 만들고, 바이슨 고기를 토막내고, 그 고기와 내장, 가죽을 처리하는 등의 일들 말이다.

하지만 남녀 사이에 어느 정도 분업이 이루어졌을 가능성도 있다. 저 멀리, 여자아이는 엄마가 하는 일을 관심 있게 관찰하고, 남자아이는 아빠가 규석 덩어리를 다듬거나 나무로 투창을 만드는 모습을 장난치듯 흉내 내는 것이 보이니 말이다.

뛰어난 장인

여러분이 유럽에 있다면 날씨가 정말 추울 테니, 여러 활동 중에서 가죽을 다루는 일이 틀림없이 중요한 작업일 것이다. 가죽으로 옷도 만들고 막집도 보호할 방법을 생각해내야 하기 때문이다.

칼날 같은 얇은 규석 조각은 무엇보다 가죽을 벗기는 긁개를 만드는 데 쓰이지 않았을까? 공들여 다듬은 뼈는 가죽을 부드럽게 만드는 연마기와 가죽을 꿰매는 송곳이 되기에 적합하지 않을까?

이 시대 사람들이 많은 시간을 들여서 했던 또 다른 일은 무기를 만드는 것이다. 무기 제조공들이 불 옆에 모여 앉아 있는 모습은 장관을 이룬다. 그들은 이번에도 규석을 재료로 해서 정성스럽게 떼기 기법으로 정교한 칼날과 더 예리한 얇은 칼날을 만든다. 이렇게 해서 뾰족한 창촉이 만들어지면 일정한 규격으로 완벽하게 가공한 나무 창대의 가장자리나 끝에 촉을 단다.

날카로운 칼날이 있는 창촉이 동물 몸을 뚫고 들어가면 동물은 피를 흘려 빨리 죽는다. 덕분에 인간은 수고스럽게 몇 km씩 달리면서 동물을 쫓느라 지치지 않아도 된다.

무기 제조 작업에는 창대를 만들기 위한 나무 작업과 창촉을 얻기 위한 돌 작업만 있는 것이 아니다. 저기 다른 쪽 작업장에서는 사람들이 순록 뿔이나 매머드 상아를 떼기 기법으로 열심히 떼어낸다. 실제로 뿔이나 상아로 다양한 투창 촉을 만들 수 있다. 이렇게 만든 창촉은 규석 창촉보다는 날카롭지 않지만, 충격에는 훨씬 더 강하다. 이것 역시 어떤 동물 가죽이라도 완벽하게 뚫는다.

투창기를 만드는 모습도 보았으니, 더 나아가 활을 사용하지 않았으리라는 법도 없다. 규석 창촉 가운데에는 여러분이 보기에도 화살촉으로 쓰일 법한 작은 것들도 있기 때문이다.

누가 이런 무기를 다루는 사냥꾼이 될까? 여전히 사냥꾼의 성별이나 나이를 짐작하기는 어렵다. 남자들만 사냥할까, 아니면 여자들도 사냥에 참여할까? 사냥법을 배우다 다치거나 목숨을 잃을 각오를 하더라도, 어려서부터 이런 수렵 활동을 시작하고 무기를 다루는 연습을 할까?

이런 의문들에 대한 답 역시 여전히 알지 못한다. 가장 가능성이 높은 사실은 먹이에 따라 집단 사냥을 하거나(가령 바이슨을 쫓아서 죽이는 사냥) 개인 단위의 사냥을 하기도 했다(순록을 쫓아서 포획하는 사냥)는 것이다. 개인 사냥을 했더라도 잡은 먹이가 개인만의 소유라는 뜻은 아니다. 그래도 사냥에서는 집단의 긴밀한 사회 기능 못지않게 개인들의 존재감이 그 바탕에 깔려 있다.

모두가 장신구를 걸쳐 사회 규범을 과시하듯 드러내는 것 역시 이와 같은 맥락이 아닐까?

그런데 한 가지 의문이 떠오른다. 이 시절에 집단이란 무엇이었을까? 여러분은 이 거주지에 사는 사람이 모두 열 명이라고 했다. 막 사냥을 떠난 몇 사람도 셈에 넣는다면, 여기 모여 사는 이들은 어떤 사회 형태를 이루는 걸까?

융합

서너 '가족'으로 이루어진 이들이 절대 헤어지지 않는 집단을 이룬다고 볼 만한 근거는 사실 전혀 없다. 오히려 모든 정황상 이들은

몇 주 혹은 몇 달 동안 일시적으로 이곳에 모인 것으로 보인다. 물론 이들은 서로 잘 아는 사이인데다 같은 언어를 사용한다. 이 사람과 저 사람은 사돈지간이거나 그와 비슷한 인척 관계에 있는 것처럼 보인다.

하지만 이들은 이곳에서 삶을 공유한 뒤(다시 말해 시간과 양식, 재산, 이야기 등을 공유한 뒤) 각자 제 갈 길로 떠날 것이다. 그러다가 몇 달 또는 몇 년 뒤 아마도 다시 만나겠지만, 그렇다고 반드시 재회한다는 보장은 없다.

이들 중 한 '가족'은 다른 가족과 정반대 편에서 지내다 온 것 같다. 서로 완전히 다른 장소에 대한 지식을 교류하는 것처럼 보이니 말이다. 어떤 가족은 해안 지역에서 와서 나중에 다시 그곳으로 돌아갈 예정이고, 또 어떤 가족은 산 생활을 좋아하는 식이다.

저쪽에 혼자 있는 젊은 남성은 배우자를 구하러 온 것일까? 아니면 며칠 뒤 도착할 어떤 가족이 그곳을 미리 살펴보라고 파견한 정찰병일까?

한 가지만은 확실하다. 이 거주지에서 볼 수 있는 다양한 재료와 자재로 이들이 이동 생활을 한다는 특징을 포착할 수 있다. 무기와 도구 제작용 돌, 장신구용 조가비, 이런저런 광물에서 얻은 붉은색 또는 검은색 염료, 곧 옷이 될 가죽은 말할 것도 없고 몇몇 동물의 뼈 등이 보인다. 이 모든 것을 마련하려면, 다양한 환경과 계절에 따라 해마다 수백 km를 돌아다니고 사람들과 교류를 이어가야 한다.

따라서 이들은 이동 생활을 하는 사람들이다. 먼 거리를 떠돌며 서로 만나고, 드넓은 여러 장소에서 살다가 사회적 관계를 맺으면서 장소들에 대한 정보를 교환한다. 이들이 이곳에 모인 목적은 바이슨 고기처럼 큰 사냥을 하고 전리품을 나누기 위해서만이 아니다.

그 외에도 많은 이유가 있는데, 그중 가장 체계화된 형태가 결속 관계와 인척 관계를 맺어 네트워크를 형성하는 것이다. 그런 다음, 아마 곧이어 이들은 다 함께 혹은 개별적으로 의식을 지내지 않을까? 어쩌면 종교적 행위나 경우에 따라서는 장례행사를 할 때 잠재적으로 미술 활동을 활용하다 그 활동에 깊이 빠지는 사람들도 생겨나지 않을까?

특별한 방식으로 말고기를 자르거나 염료를 만드는 방식도 의식을 준비하는 과정일 수 있다. 다만 여러분이 그 의미를 전혀 이해하지 못할 뿐이다.

한 가지만은 확실하다. 이 거주지에서 볼 수 있는 다양한 재료와 자재로 이들이 이동 생활을 한다는 특징을 포착할 수 있다.

결국 그들은 이곳을 떠날 텐데, 과연 이곳에 있는 모든 잡동사니를 어떻게 옮길지도 의구심이 들 것이다. 특히나 막집 위에 널어놓은 가죽은 틀림없이 아주 무거워 몹시 거추장스러울 것이다. 게다가 규석과 뼈로 만든 도구나 염료 재료가 가득 담긴 주머니들도 어깨에 둘러메고 옮겨야 한다.

아마 여러분이 떠난 뒤의 일이라 미처 보지는 못하겠지만, 앞서 여러분 주위를 맴돌던 개들이 이런 이삿짐을 실은 썰매를 끌지 말라는 법도 없다. 더 편하게 썰매가 잘 미끄러지게 하려면, 땅이 눈과 빙판으로 덮였을 때로 이삿날을 잡으면 된다. 날씨가 상당히 추우면 강물도 얼어붙어서 건너기가 더 쉬워진다.

이렇게 이동하는 동안 적당한 곳에서 야영하면서 먹을 식량으로는 육포를 몇 주머니 준비하고 생선도 한두 마리 말려서 가져가면 된다.

혁명이 일어나다

앞에서 소개한 두 가지 풍경은 둘 다 흐릿하긴 하지만, 8만 년 전의 중기 구석기시대와 3만 년 전의 후기 구석기시대에 집단을 이루어 살았던 인류의 일상생활 묘사이다. 그러면서 이 두 시기 사이에 일어난 몇 가지 변화도 보여 준다. 이 그림들은 우리가 구한 얼마 되지 않는 유적을 바탕으로 흐릿하게 스케치한 것이라 군데군데 불확실한 구석도 있다. 그래도 신중한 몇몇 붓 터치로 그동안 진화가 이루어졌음을 보여 준다.

물론 멀리서 보면 8만 년 전과 3만 년 전을 그린 두 그림이 같거나 거의 같은 장면을 담았다고 생각할 수 있다. 둘 다 이동 생활

을 하는 수렵채집인과 노련한 장인, 용맹한 사냥꾼을 그리고 있으니 말이다. 하지만 3만 년 전의 그림을 들여다보면, 우리와 비슷한 조직적 특성을 드러내는 사회가 보인다. 물론 우리가 그 사회를 지배하는 규범을 해석하기는 어렵지만 이 사회는 우리가 '최초'라는 의미에서 '원시' 사회라고 여길 정도로 우리 사회와 닮았다. 반면 이보다 앞선 8만 년 전의 그림으로 돌아가 보면 현재 명백한 유산이나 현대판으로 변형된 모습이 남아 있지 않아 열 배는 더 노력을 들여 상상해야 한다.

중기 구석기시대의 사피엔스는 그들과 동시대에 살았던 네안데르탈인만큼 우리에게 낯설다는 사실을 인정하자.

자, 그럼 다른 측면들, 죽음을 대하는 태도나 상징적 표현을 탐구해 보도록 하자.

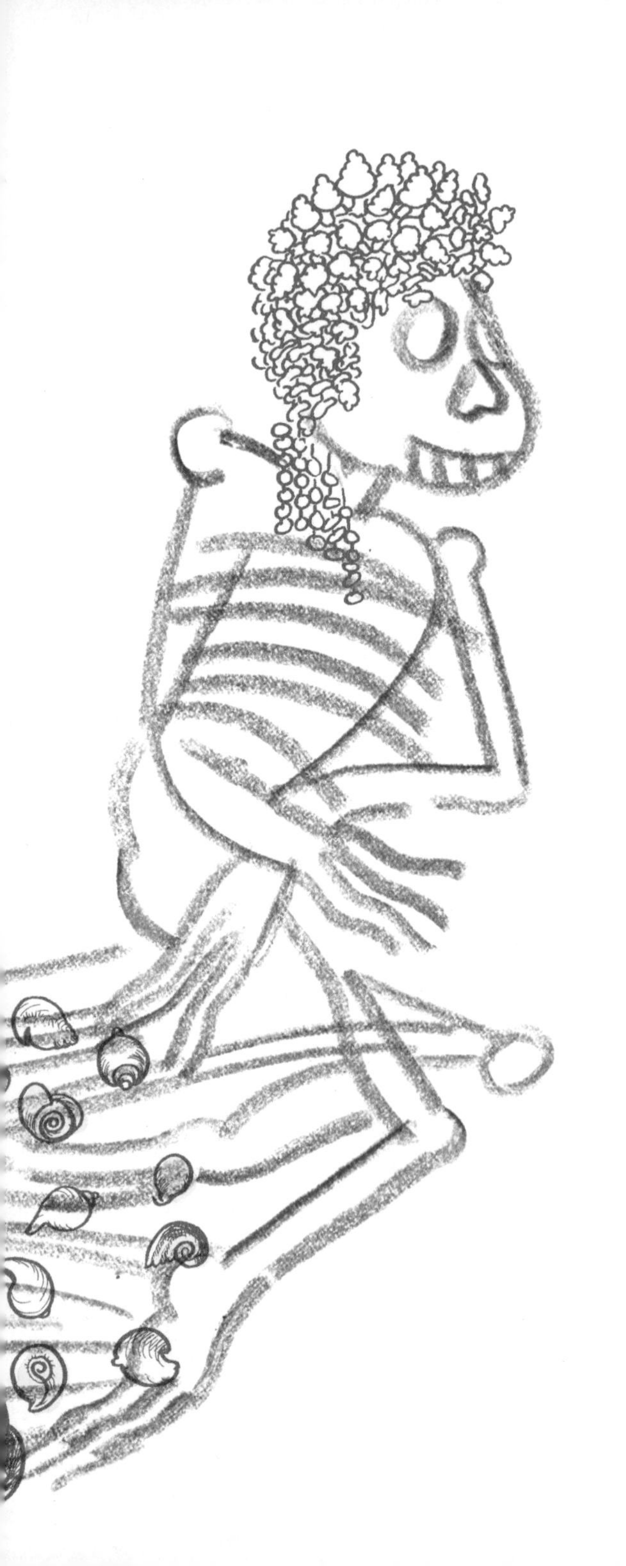

4

무덤을 만들고 사후세계를 생각하다

"To be, or not to be(사느냐 죽느냐)".

이 유명한 표현이 처음 등장한 때는 언제일까?

역사적 사실에 따르면, 영국 남부의 어느 연극 무대에서

이 대사가 처음 소개된 것이 불과 4세기 전이라고 한다.

그런데 이 표현을 들으면 어떤 감정의 동요가 느껴지는가?

이런 감정은 언제부터 생겼을까?

세상의 나이만큼, 또는 거의 그만큼이나 오래된 문제가

이 한 문장으로 요약된 것은 아닐까?

이 대사가 전하는 신랄함을 제대로 느끼려면,

인류의 오랜 인식 속으로 직접 뛰어들어야 한다.

사피엔스와 네안데르탈인이 여전히 함께 지내던 시절,

인류를 뒤흔들었던 바로 그 오래된 인식 속으로 말이다.

죽음에 대한 인식 구석기시대 조상들이 우리에게 맡긴 무거운 짐 하나는 바로 죽음에 대한 인식이다. 이렇게 말하면 너무 갑작스럽게 느껴질 수 있다. 하지만 실제로 인간과 인간의 죽음에 대한 표현을 연구하다 보면 필연적으로 선사시대에 인류가 처음으로 죽음을 표현했던 것부터 시작하게 된다.

물론 이 시기의 표현은 해석하기가 까다롭다. 그래서 앞에서 했던 것과 마찬가지로, 가장 먼저 약 10만~4만 년 전 사이의 기간을 분석한 다음, 그 이후 3만 년 동안의 시간으로 시선을 돌려 구석기시대가 끝나는 약 1만 년 전까지를 살펴보겠다.

최초의 무덤은 약 10만 년 전에 처음 등장한 것으로 알려져 있다. 갈릴리 지방에 있는 두 동굴 유적지, 스컬과 카프제에서 발견된 무덤들이다. 무덤이 이 지역에만 있는 것은 아니다. 아프리카 남부 보더 동굴Border Cave에서도 같은 시기의 무덤이 발견되었다. 그 후 수천 년 동안, 이 현상은 점차 다른 지역으로 확산했다. 근동뿐만 아니라 중앙아시아 초입까지 퍼져 나갔고, 유럽에 뒤이어 오스트레일리아까지 매장의 흔적이 계속 발견되었다. 다만 발견된 건수는 수십 건 정도다.

가장 오래된 무덤들(카프제, 스컬, 보더 동굴)은 사피엔스의 작품이다. 하지만 그 뒤 유럽과 근동 일부 유적지에서 이와 유사한 네안데르탈인의 유적지들이 발견되었다.

최초의 무덤은 약 10만 년 전에 처음 등장한 것으로 알려져 있다. 갈릴리 지방에 있는 두 유적지에서 발견된 무덤들이다.

이 책에서는 예전에 시신을 매장한 동기가 망자에 대한 배려가 아니라 위생상의 문제였다는 일부 주장까지 다루지는 않겠다. 이 시기 유적지를 발굴한 적이 있는 사람이라면 이런 가설이 완전히 엉터리라는 결론을 내릴 수밖에 없기 때문이다. 이때는 사냥해서 잡아먹은 동물의 뼈가 사람의 거주지에 쌓여 있는 모습이 짐승들의 소굴에 버금갈 정도였다. 그러므로 위생은 인류의 최우선 관심사가 아니었음이 확실하다.

그들이 망자의 시신을 묻기 위해 구덩이를 파기로 했다면, 거기에는 분명 유골을 합리적으로 관리하는 것 말고 다른 동기가 있었을 것이다…. 몇몇 시신 주변에 놓인 물건들로 확인되듯(카프제에서는 사슴뿔이 청소년의 시신 아래 깔린 상태로 발견되었다), 이는 명백한 무덤이다.

저승을 생각하다?

그래도 매장과 관련된 의식과 그에 따르는 죽음에 대한 표현을 해석하기란 매우 어렵다. 동시에 이 시기에 대부분 지역에서는 이런 관습이 없었던 이유를 밝히는 것도 힘들다. 특히 네안데르탈인이 살았던 유럽에서는 매장 관습과 함께 식인 풍습의 흔적도 공존하는데, 여기에 의례적 의미를 부여해야 할지도 모르겠는 상황이다. 이 밖에도 다른 시신 처리 방법(야외에 그대로 두기, 물속에 던지기 등)도 존재할 수 있는데 고고학에서 이를 놓쳤을 수도 있다.

약 30만 년 전으로 추정되는 스페인의 아타푸에르카 유적지와 남아프리카공화국의 라이징 스타 유적지에서는 우연의 결과로 보이지 않는 독특하게 쌓여 있는 여러 인골이 발견되었다.

한마디로 요약하자면, 매장에 대해 우리가 아는 사실은 적지만, 그래도 확실한 것은 한 사람의 소멸을 기리는 최초의 의식이 이 시기에 등장했다는 사실이다. 어쩌면 이때가 최초는 아니었을 수도 있다. 이보다 더 오래된 것이 약 30만 년 전으로 추정되는 두 유적지에 존재했을 수도 있다. 하나는 앞서 언급한 바 있는 스페인의 아타푸에르카 유적지이고, 다른 하나는 남아프리카공화국의 라이징 스타Rising Star 유적지다. 두 곳에서는 독특하게 쌓여 있는 여러 인골이 발견되었는데, 모두 우연의 결과라기보다는 시신을 수습하는 특별한 처리 방법으로 보인다.

정확히 말하자면 두 동굴 안의 좁은 곳에 시신을 수습한 것으로 보인다. 모든 정황상 실제로 망자를 다루는 행위가 맞다면, 이는 사피엔스와 네안데르탈인이 번창하기 이전에 이미 죽음을 걱정한 인류 공동체가 존재했다는 의미다.

남아프리카의 라이징 스타 동굴 유적지에서 발굴된 유골은 현재 생물학적 정체성을 추적하는 연구가 진행 중이며, 고인류학계에서 격렬한 논쟁의 대상이다. 그래도 이곳에서 발견된 '호모 날레디Homo naledi'가 호모 에렉투스의 사촌뻘이라는 것은 거의 사실로 보인다. 아타푸에르카 동굴에서 발견된 개체들은 돌출된 안와상융기를 지닌 용맹한 전前 네안데르탈인, 즉 네안데르탈인의 직계 조상으로 밝혀졌다.

이쯤에서 사피엔스나 네안데르탈인의 작품으로 확인된, 공식적으로 인정된 인류 최초의 장례 문화 이야기로 돌아가자. 장례 문화는 세계 여러 곳에 존재했던 것으로 입증되었다. 근동(스컬과 카프제 유적지 외에도 샤니다르Shanidar, 아무드Amud, 케바라Kebara, 타분Tabun 유적지), 아키텐분지(제일 유명한 유적지가 라샤펠오생La Chapelle-aux-Saints, 라페라시La Ferrassie, 라키나La Quina다)뿐만 아니라, 중앙아시아(테시크-타시Teshik-Tash)에서 크림반도(스타로셀레Starocelje)를 거쳐 벨기에 아르덴 지방(엥기스Engis)에 이르기까지 점점이 흩어져 있는 몇몇 유적지에서도 확인되었다.

그러나 많아도 수십 개에 불과한 매우 빈약한 표본을 바탕으로 추론하는 상황임은 인정해야 한다. 따라서 이를 바탕으로 일반성을 도출하기는 어렵다. 그래도 몇 가지 흥미로운 사실은 알 수 있다. 우선, 대다수의 경우 무덤에는 한 개체만 매장되었다. 반면 여러 개체를 모아 둔 유적지도 여럿 있다(가령 스컬, 카프제, 라페라시).

그렇다고 이곳들이 엄밀한 의미로 공동묘지였다는 건 절대 아니다. 틀림없이 수세기, 더 나아가 수천 년에 걸쳐 생활하던 공간 한가운데에 시신이 매장된 것으로 보이기 때문이다. 이런 장소에 꾸준히 사람들이 와서 살았고, 이동 생활을 하는 사람들이 상당히 오래 머물러 되풀이해서 묘지가 되었다고 볼 수 있다. 가재도구가 함께 발견되는 경우는 매우 드물다. 최소한 의도적으로 같이 묻었다고 결론지을 수 있는 경우는 거의 없다.

틀림없이 수세기, 더 나아가 수천 년에 걸쳐 생활하던 공간 한가운데에 시신이 매장되었다.

시신 위에 덮인 흙에는 많은 유물이 있는데, 이것은 주거지 한가운데 구덩이를 팠기 때문에 당연한 결과다. 무덤이 있다는 표식을 땅에 했는지도 확실치 않다. 시신은 다양한 자세로 안치되어 있어서, 이를 통해 자주 반복되는 장례 행위를 추정하기는 어렵다.

요컨대 우리가 내릴 수 있는 결론은 단 하나다. 그렇다고 이 결론이 하찮은 것은 절대 아니다. 그 결론이란 인류 공동체를 구성하는 개인 전체가 사후에 이런 대접을 받는 대상이 될 수 있었다는 것이다. 죽은 뒤에 남녀노소 모두 다시 만날 수 있도록 말이다.

치장하고 떠나는 저승길

사피엔스가 묘를 파고 묘에 묻히기 시작한 4만 년 전부터 장례는 계속 치러졌다. 그러나 알려진 무덤의 수가 한정적이고, 무덤이 전혀 발견되지 않는 지역이나 시기도 폭넓어서, 사자를 다룬 방식에 대한 우리의 의문은 여전히 해소되지 않은 상태다. 매장 현상이 입증된 곳에서는 시신의 자세나 장례 행위와 관련해서 어떤 반복적인 형태도 발견되지 않아서 그 표준이 있는지 확실하지 않다.

얼핏 보면, '선정(즉 매장될 사람들을 선발하는 것)' 역시 이전과 비슷해 보인다. 그러나 조금 더 다가가서 들여다보면, 여러 차이점이 나타난다.

첫째, 이 시기의 무덤에는 사회 진화의 흔적이 하나 남아 있다. 이 진화에 대해서는 다음 장을 온전히 할애해서 살펴볼 예정이지만, 간단히 설명하면 대다수 무덤에서 발견된 시신에는 치장이 되어 있었고 간혹 매우 화려하게 꾸며진 경우도 있었다는 점이다. 이렇게 함께 발견된 물건들 덕분에, 우리는 이 시기에 존재했던 복장 예술에 가까이 다가갈 수 있다.

다양한 장신구가 놓여 있는 위치(상아 구슬, 동물 치아, 구멍 뚫은 조가비, 다람쥐 꼬리가 배열된 위치)를 확인하면, 그 자리에 장신구로 장식한 모자, 조끼, 혁대, 장화를 걸쳤다는 것을 알 수 있다.

둘째, 죽은 자를 '선정'하고 무덤을 모아 놓은 모습에서 그 이전과 차이가 더 두드러진다. 특히 이 시기가 끝나갈 무렵인 '막달레니안' 문화기에는 더 뚜렷하게 대조된다. 모든 부류의 사람들이 매장될 수 있었다고 하지만, 실제로 매장된 사람들은 전체 인구 집단 가운데 얼마 안 되는 일부였던 것으로 보인다.

또한 동시대에 살았던 다수의 사람이 시신을 절단하는 등 다른 방식으로 시신을 다루었을 수도 있다. 주거지 안에서 조각난 상태로 발견된 시신들은 틀림없이 다른 의식과 관련된 것 같다. 가령 식인 풍습이 있었을 가능성이 있다.

그렇다면 이러한 차별적인 시신 처리 방식은 당시 일종의 사회적 차별이 있었음을 나타내는 걸까? 이보다 조금 더 앞선 시기인 '그라베트' 문화 유물을 봐도 똑같은 의문이 든다. 이 시기의 몇몇 무덤에서 발굴된 풍족한 유물을 보면 아마도 특별한 지위를 누린 사람들이 매장되는 특권을 누린 것으로 보인다.

그라베트 문화에서도 역시 독특한 사례가 발견되었다. 여러 무덤이 함께 존재했을 가능성이 큰데 이 시기에 공동묘지, 다시 말해 죽은 자들만을 위한 전용 장소가 출현한 것으로 보인다(비록 이 장

막달레니안 문화

B.C. 1만 7,000~1만 년 사이에 존재한 유럽 후기 구석기시대의 마지막 단계에 해당한다. 규석뿐만 아니라 사슴뿔, 뼈, 상아로 만든 새기개, 긁개, 찌르개, 자르개가 대표 유물이다. 이 편년명도 가브리엘 드 모르티예가 프랑스 도르도뉴 지방 튀르삭Tursac에 있는 마들렌 선사 유적지에서 이름을 따서 제안했다. 이 시기에는 무척 숙달된 미술 활동을 했던 것으로 보인다. 라스코, 알타미라, 루피냑, 니오… 등의 동굴 벽화가 이를 증명한다.

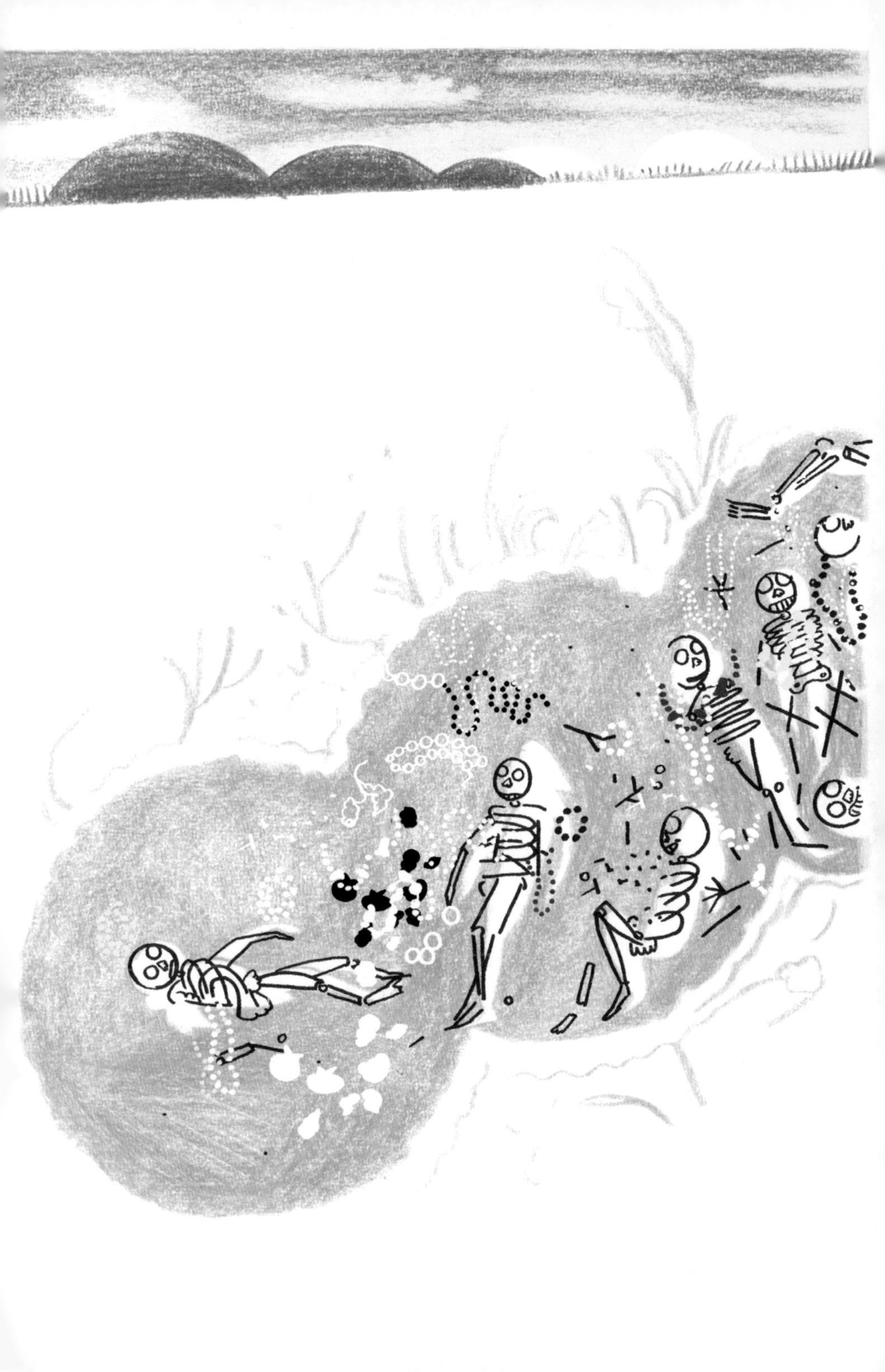

소가 몇몇 사람에게만으로 제한되었지만 말이다).

이제 막 연구가 시작되었지만 이런 공동 매장 문화를 보여 주는 가장 유명한 유적지는 퀴사크Cussac의 페리고르Périgord 동굴이다. 일반적으로 이 시기의 무덤들은 여전히 주거 지역에서 발견되지만, 이곳에서는 완전히 구별된 환경에서 벽화 장식 아래에 여러 시신이 안치되어 있었다. 이외에도 유명한 크로마뇽의 페리고르Périgord 유적지가 있다. 이곳에서는 주거 공간으로 쓰이지 않은 은신처 안에서 최소한 5구 이상의 어른과 아이의 시신이 발견되었다.

죽은 자가 산 자를 정착시키다

지금까지 수집된 표본들은 모두 유럽에서 발견되었다. 이 시기에 세계에서 가장 많은 정보가 집중된 곳이 바로 이 지역이었기 때문이다. 그러다가 구석기시대가 저물어가는 1만 5,000~1만 년 전 사이에 상황이 조금 달라졌다. 나일강 계곡과 지중해 주변 일부 지역(북아프리카 마그레브, 지중해 동부의 근동)에서 다른 풍경이 펼쳐졌다.

이들 지역에서는 수십 명의 시신을 공동으로 매장하는 진정한 의미의 공동묘지가 등장하기도 한다. 가장 유명한 사례가 수단의 제벨 사하바Jebel Sahaba 유적지다. 또 매장 장소가 주거지나 주거지에서 가까운 곳이라 하더라도, 완전히 새로운 방식으로 100구 이상

그라베트 문화

그라베트는 도르도뉴 지방의 바약Bayac에 있는 그라베트 유적지에서 따온 명칭이다. 그라베트 문화(B.C. 2만 8,000~2만 2,000년)는 무엇보다도 발사체의 날을 직선형이나 뾰족하게 만드는 석기 제작 기술을 보유했다는 것이 특징이다. 이 시기의 주요 미술 작품으로는 페슈 메를Pech Merle 동굴의 얼룩말 벽화나, 가르가스Gargas 동굴과 코스케Cosquer 동굴의 음화로 그려진 손바닥 그림을 들 수 있다. 또 여성의 신체를 형상화한 미니 조각상인 '비너스'가 유명한데, 특히 오스트리아 빌렌도르프Willendorf에서 발견된 석회암으로 만든 빌렌도르프의 비너스와 상아로 만든 브라상푸이Brassempouy의 여인상이 대표적이다.

마지막 빙하기 말기 Tardiglaciaire

고기후학 용어로 마지막 빙하기 말기(B.C. 1만 8,000~1만 1,000년)는 현재의 간빙기인 홀로세가 시작하기 바로 전인 플라이스토세의 마지막 시기를 가리킨다. (알프스 지역에서는 '뷔름 Würm 빙기'라 불리는) 마지막 빙하기의 가장 마지막 단계에 해당하며 주기상으로는 추운 기간에 들어가지만, 이 시기 동안 기후는 전 지구적으로 온난해졌다.

의 유골이 함께 발견된 유적지들도 있다.

장례 흔적이 뿔뿔이 흩어진 상태로 남아 있는 앞선 시기와 비교했을 때 이런 변화가 일어난 이유를 어떻게 설명할 수 있을까?

우선, 구석기시대가 끝나는 시기를 마지막 빙하기 말기라고 하는데, 이 시기 동안 인류의 인구가 급격히 증가했다. 이와 함께 한 곳에 정착하는 새로운 행동 양식이 등장했다. 이렇게 상시로 머무는 주거지가 생기면서 한 곳에 무덤을 모으는 게 당연해진 것이다. 반면 이전에는 철 따라 거주지를 옮기고 임시로 야영하면서 주로 이동 생활을 했기 때문에 무덤이 야외에 듬성듬성 흩어져 있었다.

주어진 사실을 바탕으로 흐름을 파악해야 할 때

이 시기의 것으로 알려진 유골을 종류나 출토 장소를 막론하고 모두 테이블 위에 올려 둔다고 하더라도 기껏해야 수십 구, 어쩌면 간신히 100구 정도일 것이다. 다만 많이 발견되는 마지막 수천 년간의 유골은 예외로 한다. 당연히 이 정도의 표본만으로는 추론하기에 부족하다.

그러나 우리 손에 주어진 표본이 아무리 부족하더라도 구석기 사회학과 관련해 어느 정도 정보는 얻을 수 있다. 그만큼 죽은 자의 세계를 보면 산 자의 세계를 알 수 있는 법이다. 매장 풍습은 고고학자들에게 쉽게 접근할 수 있는 흔적을 제공하는 유일한 관습이다. 그런데 가장 먼저 강조할 점이 있다. 이 수천 년 동안 매장 풍습은 상당히 간헐적으로 실행되었던 것이 분명하다. 사람들이 흔적을 전혀 혹은 거의 남기지 않은 다른 풍습에 많이 열중했던 것이 확실하다.

모든 정황을 보면, 약 10만~4만 년 전 사이의 시기에는 공동체 안에서 평등하게 매장이 이루어졌음을 알 수 있다. 그 후 4만 년 전부터는 같은 문화 전통 안에서도 사람에 따라 다르게 취급되고(누구는 매장되고 누구는 매장되지 않는 일이 벌어졌다) 몇몇 무덤에서는 매장된 자의 부가 드러났다.

이것을 보면 정치 차원에서 변화가 일어나 사회 차별의 토대가 마련된 것이 틀림없다. 하지만 지금은 이런 사실을 지적하는 것으로 만족하고 더 깊이 해석하려 하지 말자. 이 주제는 뒤에서 다시 다룬다. 대신, 사회 차별이 존재했더라도 특별히 어느 한 부류를 희생시켜서 차별하지는 않았다는 사실은 명심하자.

또 이런 무덤들 덕분에 수렵채집인 집단의 이동 생활과 영역성 문제도 살펴볼 수 있다. 아주 오래된 몇몇 유적지에 여러 무덤이 모여 있는 것을 발견하면, 무덤이 더 흩어져 있었던 앞선 시기에 살았던 집단보다 이동을 적게 하는 집단이 이들 유적지에 살았겠다는 생각이 든다.

그라베트 문화에서 발견된 몇몇 사례뿐만 아니라, 특히 구석기 시대 말기에는 일부 지중해 지역에 정착 관습이 등장해 여러 무덤을 한 곳에 집중적으로 모으는 것이 당연시되었다. 달리 말해, 당시 인구수가 적었다는 사실을 고려하면 하나의 유적지에서 여러 무덤이 발견되었다는 의미는 그곳에 사람들이 자주, 그리고 오래 살았다는 뜻이다.

마지막으로, 아주 오래전이건 그보다 나중이건 선사시대 대부분 동안 사람이 죽으면 주거지 한복판에 매장하는 것이 관례였다. 그런데 그라베트 문화와 특히 마지막 빙하기 말기의 여러 시기에는 제대로 공동묘지를 조성해서 산 자의 세계와 죽은 자의 세계를 구별하는 경우가 간헐적으로 나타났던 것 같다.

이러한 구석기 사회학적 측면은 나중에 다시 고찰할 기회가 있을 것이다. 그런데 여기에 덧붙여, 매장 문화에서 드러나는 영성에 관한 믿음도 집중적으로 성찰할 수 있을까?

안타깝게도 우리는 이런 장례 풍습에 어떤 형태의 믿음이 존재했는지 전혀 재현해내지 못했다. 죽음과 한 존재의 소멸을 이렇게 표현한 것이 그들의 정신 작용에 과연 어떤 영향을 미쳤던 걸까? 이에 따른 대칭 작용으로 정신 세계를 밝혀내는 데 어느 정도 영향을 주었을까?

5

오늘은 어떤 장신구로 표현할까?

자, 이제 온갖 장신구를 걸친 모습으로 우리에게 다가오는
구석기시대 사람들에게 시선을 돌려 보자.
그들의 조가비와 진주 장신구는 우리에게 말을 걸어 온다.
사물들이 전하는 언어는 우리가 의미와 의도를 정확히
이해하지 못하더라도 매우 친숙하게 느껴진다.
오늘날 우리가 의식하지도 못할 만큼 보편적인 몸치장이라는
행동에도 당연히 오랜 역사가 있기 때문이다.
그 뿌리와 동기를 찾으려면 아주 먼 과거까지
거슬러 올라가야 할 만큼 긴 역사를 지녔다.

자아의 외면화

지금 이 이야기를 쓰고 있는 필자와 조용히 앉아 이 책을 읽고 있는 여러분 사이에는 모종의 관계가 생긴다. 우리는 한 번도 만난 적이 없고, 앞으로도 결코 만날 일이 없는데도 말이다.

이렇듯 기록을 남기게 해 주는 문자는 인류 역사를 만들어 온 중요한 요소다. 문자는 생각을 몸에서 분리해준다. 덕분에 생각은 몸으로부터 독립해서 몸의 소멸이라는 피할 수 없는 운명에 영향을 받지 않고 고유하게 존재할 수 있다.

그런데 길고 긴 인류사에서 매우 최근에 일어난 현상인 문자의 발명은 이 책에서 다루는 범위를 벗어난다. 이 책에서 다루는 선사시대는 문자가 없는 시대를 말하기 때문이다. 우리가 문자 덕분에 알고 있는 오래된 '역사적 인물들', 즉 영웅이나 왕, 문학가나 시인은 거의 다 겨우 몇천 년 전 인물이다. 가장 오래된 경우도 5,000년 전 이상은 거의 없다.

이들의 이야기는 최초의 문자가 출현한 메소포타미아 지역에서 점토판이나 돌에 새겨졌거나 나일강 계곡에서 파피루스 위에 그려져서 전해졌다. 그 이전의 것은 아무것도 남아 있지 않다! 익명으로 남은 선사시대 대중에 대한 기억은 이렇게 모두 지워진 것이다.

이와 함께 명심해야 할 것이 있다. 최초의 문자가 등장한 이유는 이야기를 들려주거나 전달하기 위해서가 아니었다는 사실이다. 그보다는 국가의 행정기관이 세금 납부, 상인의 거래 기록 등을 문서화하기 위해 문자가 만들어졌다. 문자가 등장한 조건, 즉 최초의 문자 형태가 만들어진 사회 유형은 이 책에서 다루는 수렵채집인 사회와는 거리가 멀다. 또 다른 문자의 요람인 중국이나 중앙아메리카 역시 문자의 탄생이 국가의 탄생과 밀접히 연결되어 있었다.

어쨌건 문자 역시 어느 날 갑자기 하늘에서 뚝 떨어진 것이 아니다. 그래서 땅속 깊이 박혀 있는 문자의 뿌리를 찾아내려면 이번에도 구석기시대를 파헤쳐야 한다.

사실, 오늘날 다소 시대에 뒤떨어졌다고 느껴질 수 있지만 고고학자 앙드레 르루아-구랑André Leroi-Gourhan의 가장 중요한 저서 《행위와 말Le geste et la parole》(1964~1965, 두 권이어서 한 해에 한 권씩 나왔다-역자)을 다시 읽어 보면 좋겠다. 우리가 여기서 다루는 문제에 대한 그의 풍부한 통찰은 여전히 유효하기 때문이다.

특히 그가 고안해낸 '외면화' 개념이 그렇다. 이 개념을 단 몇 마디로 요약해 보면, 인간 발달 과정에서 몇몇 기능을 외면화하려는 성향을 가장 먼저 구현한 것이 도구의 발명이라는 주장이다. 한 손에 들어가는 석기부터 시작해서 활을 이용해 쏘는 화살을 거쳐 버튼을 눌러 작동

어쨌건 문자 역시 어느 날 갑자기 하늘에서 뚝 떨어진 것이 아니다. 그래서 땅속 깊이 박혀 있는 문자의 뿌리를 찾아내려면 이번에도 구석기시대를 파헤쳐야 한다.

시키는 기계에 이르기까지, 점점 크게 발전하는 여러 기술 덕분에 인간 몸의 영역이 멀리 넓어진 셈이다.

물질에 작용하는 수단의 '외면화' 못지않게 중요한 또 하나의 외면화가 있다. 바로 생각의 외면화다. 예를 들어, 상징을 만들어 서로 대면하는 두 사람이 의사소통하는 것이다.

인간은 물질을 다루는 행동을 직접 하는 대신, 도구라는 수단을 통해 점차 자신의 몸 밖으로 외면화한다. 구석기시대에 뿌리를 둔 이런 성향은 수천 년을 거쳐 모든 사회를 통해 전해졌다.

물질에 작용하는 수단의 외면화 못지않게 중요한 또 하나의 외면화가 있다. 바로 생각의 외면화다. 예를 들어, 상징을 만들어 마주한 두 사람이 의사소통을 하고, 더 나아가 눈에 보이지 않는 힘을 통해 소통하는 것이다. 혹은 이 세상에서 사라지고 없거나 멀어진 사람들을 이런 상징을 통해 다시 존재하게 함으로써 죽음을 쫓아낸다.

자기에서 타인으로: 규범

오늘 아침, 아마 여러분은 지하철이나 버스에서, 혹은 그냥 길을 걷다가 말 한 번 해 본 적 없는 모르는 사람들을 무수히 마주쳤을 것이다. 어쩌면 스마트폰이나 신문에 시선을 고정했는지 모르지만, 그래도 곁눈으로 본 것만으로도

주변에 있는 사람들에 대해 꽤 많은 정보를 얻었을 것이다. 의식적이건 무의식적이건, 사람들이 여러분에게 수많은 신호를 보냈기 때문이다.

몇몇 신호는 여러 장치(옷, 보석, 머리 모양, 우산, 모자 등) 덕분에 포착할 수 있었을 것이다. 물론 모든 신호를 다 파악하거나 인식하지는 못했을 것이다. 이는 어디까지나 정상이다. 그들이 걸친 많은 장신구와 그 장신구의 상징 범위가 여러분을 대상으로 삼지 않았기 때문이다.

어쩌면 특정한 누구를 대상으로 하지 않았을 수도 있다. 이런 장신구는 이 세상 사람이 아니거나 멀리 떨어진 사람, 어쩌면 상상 속 인물과 소통할 수 있게 해 주는 역할도 하기 때문이다. 가령 눈앞에 보이는 이 젊은 여성이 작은 십자가 목걸이를 건 이유는 자신의 종교색을 드러내기 위해서일 수도 있고, 아니면 소중한 사람에 대한 기억과 소통하기 위해서일 수도 있다.

인간이 자신의 몸을 꾸미는 여러 방법은 여전히 세상에서 가장 매력적인 광경 가운데 하나다. 그러면서도 동시에 새로울 것이 하나 없기도 하다. 몸치장은 어디까지나 인류의 보편적인 행동이기 때문이다. 다른 사람에게 자신의 모습을 보여 주는 방법은 여러 가지 규범으로 둘러싸여 있다.

그래서 프랑스 마르크앙바뢸Marcq-en-Baroeul이나 러시아 블라디보스토크, 아프리카 빈트후크Windhoek 등 사는 곳이 어디건, 그곳 사람들에 관한 연구를 시작할 때 인류학자가 처음 접근해야 하는 가장 중요한 사회적 행동이 바로 몸치장 행위다(몸치장을 보면 그 사회의 규범을 파악할 수 있다-역자).

인류 보편의 행동이 된 몸치장에는 역사가 있다. 그 뿌리를 찾으려면 이번에도 구석기시대를 들여다보아야 한다. 앞서 살펴보았듯, 약 4만 년 전부터 대부분 시신을 치장해서 안치했다. 후기 구석기시대 유럽에는 장신구를 걸치지 않은 시신이 매장된 무덤이 드물었다. 어떤 경우 아주 많은 장신구로 치장하기도 했다. 이 시기 주거지에서는 같은 종류의 장신구들(상아나 돌로 만든 구슬, 구멍을 뚫은 조가비나 동물의 치아 등)이 땅에 버려진 채 발견된 경우가 많았다. 이것으로 보아, 그곳에 살았던 사람들에게는 장신구로 화려하게 치장한 의복이 많았다고 확신할 수 있다.

그들이 치장한 정확한 의미를 우리는 알지 못한다. 기껏해야 이런 장신구 가운데 일부는 집단과 집단을 식별해 주는 사회적 표식이라고 추정할 수 있을 뿐이다. 또는 한 공동체 안에서 성별이나 나이에 따라 나누는 표식이었을 수도 있다. 위용을 보여 주는 유물로 둘러싸인 유골들은 혹시 특별대우를 누렸던 자들이 아닐까? 이들 집단의 정치 조직은 그 윤곽을 파악하기가 무척 어려운 만큼, 나중에 다시 다루겠다.

어쨌건 사회적 표식이 존재했다는 사실만큼은 명백하다. 몇몇 장신구에서는 오랫동안 사용되었음을 보여 주는 마모 흔적이 발견된다. 이 경우 한 사람이 다른 사람에게, 한 세대에서 다음 세대로 신분을 물려주는 표시로 장신구를 주었을 가능성이 크다.

몸치장은 그 유형에 따라 근본적인 차이가 있다. 한 사람에게 맞춘 장식(문신이나 피부를 베거나 째는 방법으로 표식을 남기는 난절법이 여기 해당하는데, 안타깝게도 이 시기의 문신이나 난절법에 대해서는 알려진 바가 전무하다)이 있고, 물건의 형태로 다른 사람에게 물려주는 장식도 있다. 정확히 말해, 본체의 일부를 '외면화'하기 위해 몸에서 분리할 수 있는 장식이다.

인체의 한 부분을 장신구로 쓰기도 한다. 사람의 치아에 구멍을 뚫어 목걸이의 펜던트처럼 사용한 것은 일종의 유품을 간직한 행위로 보인다.

여러 가지 장치로 몸을 사회적 언어로 사용하는 현상은 최소한 4만 년 전부터 이미 뿌리 깊게 정착되었다. 이런 현상은 사피엔스의 사회를 행동 차원에서 '현대' 사회로 인식하게 만드는 기준 가운데 하나다.

달리 말하자면, 이 시기는 '최초'라는 의미에서 '원시 사회'라고 할 수 있는데, 이후 사회는 모두 이 원시 사회의 행동 특성을 물려받았다. 이런 특성은 꾸준히 이어져서 현재 우리 사회까지,

사피엔스의 작품인 이들 사회는 '최초'라는 의미에서 '원시' 사회다. 이후에 등장하는 사회는 서로의 차이를 넘어 모두 이 원시 사회의 행동적 특성을 물려받았다.

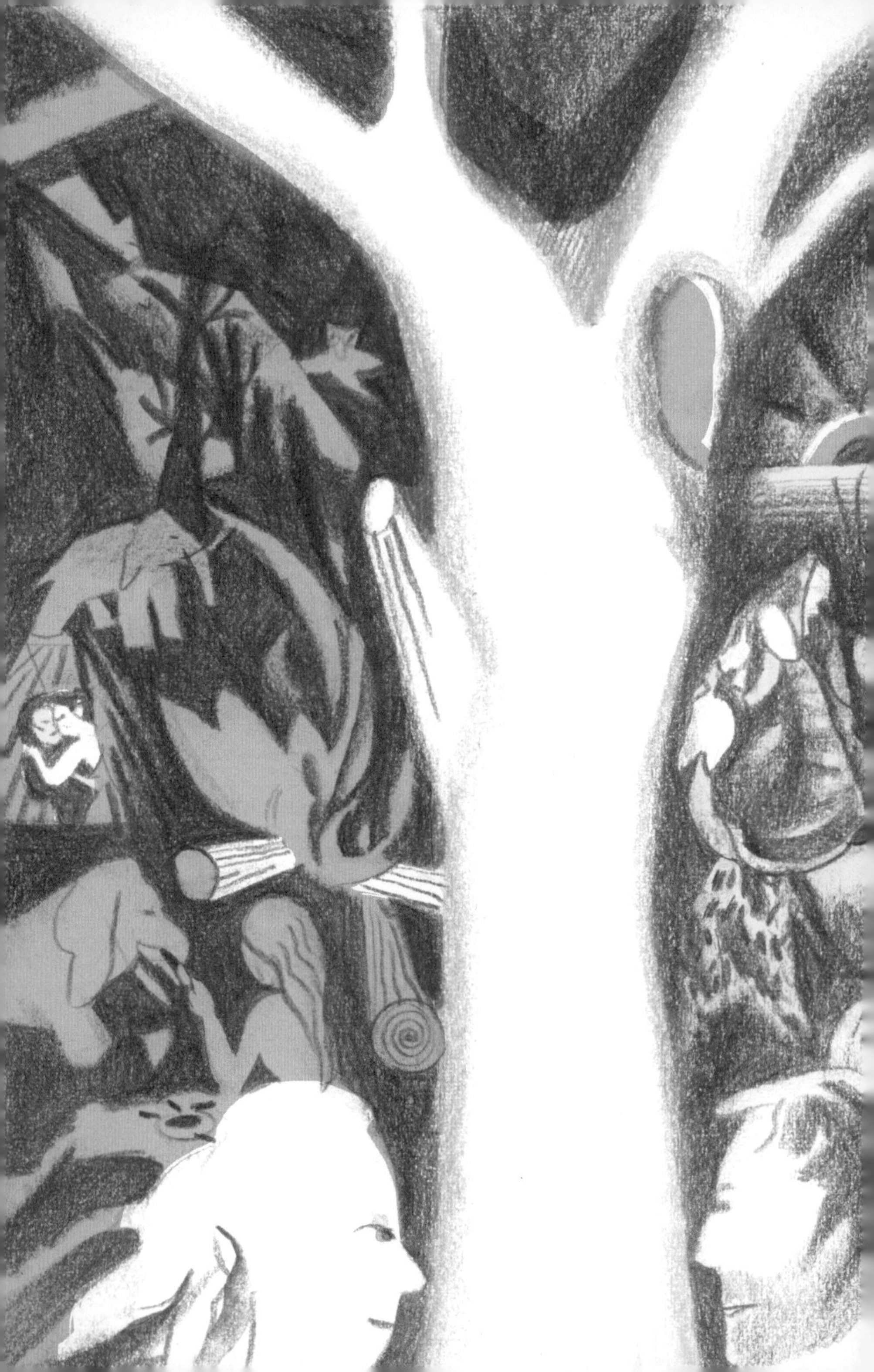

조금 전 우리가 이야기했던 지하철로까지 연결된다.

그런데 이런 현상은 정확히 언제, 어떤 상황에서 처음 등장한 걸까?

인지 혁명

후기 구석기시대보다 몇천 년 앞선 시기의 상황은 훨씬 더 불분명하다. 몇 년 전만 해도, 인류가 그렇게 오래전부터 몸치장을 했느냐고 물으면 대개는 아니라고 대답했다. 마치 앞서 묘사한 후기 구석기시대의 모습이 어느 날 갑자기 생겨나기라도 한 것처럼 말이다. 그러다 20여 년 전부터 많은 유적이 발견되어 기존의 관찰 결과에 더해졌다. 그러면서 대략 10만 년 전부터 여기저기서 몸치장을 하기 시작한 것으로 밝혀졌다.

주로 구멍을 뚫은 조가비 장신구들이 아프리카 북부와 남부에서 발견되었다. 그러자 퍼즐이 맞춰졌다. 이런 행동의 등장은 아프리카 대륙에서 발생한 사피엔스와 밀접하게 관련되었다. 반면, 네안데르탈인을 필두로 사피엔스와 같은 시기에 살았던 다른 인간 종은 몸치장을 몰랐던 것으로 보인다. 이것은 사피엔스만의 특이

대략 10만 년 전부터 여기저기서 몸치장을 하기 시작한 것이 분명하다.

점을 보여 주는 기준이 될 수 있다. 즉 상징적인 생각을 장신구와 같은 사물로 구현했다는 것은 사피엔스를 둘러싼 '인지 혁명' 가설을 뒷받침한다. 이때부터 사피엔스의 '행동 속 현대성'을 연구할 때면, 주로 정확한 상징을 지닌 장신구와 그 상징 범위를 바탕으로 진행하기 시작했다. 이런 방법이 만족스러운 이유는 나머지 경우(사냥 능력, 석기 제조 방식, 주거지 디자인 방식, 시신 매장 방식 등을 기준으로 연구하는 경우)에는 10만~4만 년 사이의 기간에 사피엔스 사회와 다른 대륙에 살았던 인간 종 사회를 구별하기가 여전히 어렵기 때문이다.

이런 '인지 혁명' 관점은 분명 흥미롭지만, 그렇다고 모든 문제를 해결해 주지는 않는다. 아니, 그것과는 거리가 멀다. 우선, 가장 오래된 장신구가 실제로 사피엔스의 전유물이라면, 대체 이 방대한 시간 동안 왜 그렇게 드물었던 걸까? 아프리카 대륙 전체에 걸쳐서 6만 년이라는 시간 동안 12개도 안 되는 유적지에서만 장신구가 발견된 이유는 무엇일까?

이유는 당시의 장식품 가운데 극소수만 남았기 때문인데, 그 시절의 몸치장은 주로 문신이나 난절법이어서 아무 흔적도 남기지 않았다. 그러니까 드물게 발굴된 조가비 목걸이는 해수면 위로 드러난 빙산의 일각에 불과하다는 주장이다.

그러면 즉각 반론이 제기된다. 논리는 네안데르탈인에게도 마찬가지로 적용할 수 있는 것 아닌가? 결국 증거가 없는 것이 결코 없다는 증거는 아니므로, 양측 모두 무승부가 된다.

하지만 사피엔스가 이렇게 예전부터 상징적인 생각을 발전시켜서 드러낼 수 있었다면, 그 이유를 파악하려고 해야 하지 않을까? '인지 혁명'이라는 한마디로는 설명되지 않으니 말이다.

… 혹은 세계화의 시작? 자, 그럼 설명 모형을 만들어 보자. 몸치장에는 분명 여러 의도가 담겨 있었다. 소속 집단의 내부 조직(성적 정체성, 세대적 정체성 등)을 알리려는 의도도 있었고, 이웃 집단에 대해 소속 집단을 밝히려는 의도(문화적 정체성)도 있었다.

사피엔스는 10만 년 전부터 전 세계로 확산하기 시작했고, 약 5만 년 전부터는 이런 팽창 현상이 매우 활발해졌다. 당연히 이에 따라 여러 인류 집단 사이에 접촉과 상호작용이 증가했다. 아주 단순히 생각하면, 정체성을 표시하는 몸치장이 발전한 것은 필연적인 결과일 수 있다.

하지만 무엇보다도 여러 집단의 내부 조직을 살펴볼 필요가 있다. 가령 장신구가 꽤 보편적으로 발달한 것으로 보이는 4만 5,000~3만 5,000년 전 사이의 유럽은 어땠을까? 몸치장의 발전과 동시에 각 집단이 차지하던 영토 규모가 눈에 띄게 성장한 것 같다.

이 시기에는 두 가지 현상이 동시에 일어났다. 한편에서는 사피엔스의 확산으로 인구가 급증했으며, 다른 한편에서는 집단의 영토, 즉 이동 생활하는 범위가 넓어졌다. 4만 5,000년 전 이전에는 도구 제

몸치장에는 분명 여러 의도가 담겨 있었다. 소속 집단의 내부조직을 알리려는 의도도 있었고, 이웃 집단에 대해 소속 집단을 밝히려는 의도도 있었다.

작에 사용된 돌 등 주거지에서 발견된 물건들로 보아 최대 반경 100km 정도 되는 한정된 공간에서 순환하면서 이동 생활을 했다는 것을 알 수 있다.

4만 5,000년 전 이전에 유럽에 존재했던 인류 사회에서는 이론의 여지없이 족내혼이 행해졌던 것으로 밝혀졌다. 다시 말해, 사촌지간이나 더 나아가 형제자매 사이에서 자손을 낳는 경우가 많았다.

반면 1만 년 후에는 발견된 물건들로 보아 이들이 접촉하고 이동한 거리가 반경 약 200~300km까지, 때로는 그 이상으로 늘어난 것으로 나타났다.

이러한 영토 확장의 진화는 경제 활동뿐만 아니라 사회 구조의 근본적 변화와 관련 있는 것이 분명하다. 간단히 말하자면, 한정된 영토에 종속되어 인접한 공동체와 제한적인 관계만 맺었던 좁은 범위의 공동체에서 벗어나, 훨씬 넓은 범위로 이동할 수 있는 네트워크를 형성한 집단으로 변화한 것이다.

1. 장신구의 발달 = 사회적 정체성을 드러내는 표식의 발달
2. 영토의 성장 = 인구 이동 범위의 확대

이 두 명제에서 상호작용이 일어났을 것으로 충분히 짐작된다. 여기에 또 다른 변수를 추가해 보자. 혼인 형태, 즉 결합과 결속, 결혼이라는 변수 말이다.

이 분야의 고유전학 연구는 아직 걸음마 단계에 있지만, 그래도 처음 얻은 연구 결과에 따르면, 4만 5,000년 전 이전에 유럽에 존재했던 인류 사회(즉 네안데르탈인 사회)에서는 이론의 여지없이 족내혼이 행해졌던 것으로 밝혀졌다. 다시 말해, 사촌지간이나 더 나아가 형제자매 사이에서 자손을 낳는 경우가 많았다.

하지만 필자는 그 후 수천 년이 지난 뒤에는 상황이 급격히 달라져서 족외혼을 장려하는 혼인 규칙이 대세로 자리 잡기 시작했을 것으로 조심스럽게 가정한다. 이런 가설이 맞는다면, 새로 만들어진 사회 작동 방식이 장신구의 발달을 어느 정도 촉진했을 것이다. 그 결과, 새로운 혼인 규칙으로 집단을 형성한 사람들의 정체성을 체계화할 수 있었을 것이다.

달리 말하자면, 영토만 확장된 것이 아니라, 혈족 관계망을 통해 사회적 네트워크도 확장된 것이다. 그 안에서 정체성을 체계화하기 위해 만든 장신구라는 새로운 소통 도구가 일반화되었다.

그림의 출현

이런 해석을 바탕으로 하면 그보다 수천 년 앞선 약 10만 년 전부터 아프리카에서 장신구가 간헐적으로 등장한 것이 무슨 의미인지 역으로 짐작되지 않을까? 당시에 사피엔스가 인지적 특성을 발달시키기 위해 오랜 요람기를 거쳤다는 생각은 잠시 접어 두자. 대신, 처음에는 소극적으로 등장했던 새로운 사회 규칙이 서서히 대세로 자리 잡으면서 몸치장이라는 현상이 출현하도록 뒷받침했다고 상상해 보자.

장신구라는 새로운 의사소통 도구의 등장은 독립 현상이 아니다. 이 현상과 거의 동시에 시각 언어라는 표현 방식이 발달한다. 즉 그림(그래픽 아트-역자)이 출현했다. 이를 통해 장차 일어날 문자 발명의 뿌리에 더 가까이 다가간다.

그전에 한 가지 명심할 사항이 있다. 이 시기에 엄밀한 의미의 문자를 논하는 것은 성급하다. 제아무리 복잡한 벽화, 제아무리 공들여 만든 패턴이라 해도 이 시기에는 아직 문자의 정의에 부합하지 않기 때문이다. 이들은 표의문자가 아닐뿐더러 알파벳은 더더욱 아니다! 그래서 이런 그림이나 패턴을 글자로 보고 애써 해석하려 해도 틀림없이 아무 소득이 없을 것이다….

그렇다고 미래 세대에게 메시지를 전달하기 위해 바위에 남긴 이런 그림이 생각이나 신화, 더 나아가 이야기를 구체적으로 표현하는 강력한 매체가 되지 못하는 것은 아니다. 한마디로 말해, 이런 그림은 문자는 아니었지만, 기억을 표현할 새로운 형식이 발명된 것이다. 엄밀한 의미의 문자는 오랜 시간이 지난 뒤에야 등장하지만 이 새로운 표현 형식은 문자의 일부 원칙으로 남았다. 즉 언어와 생각을 '외면화'한다는 원칙이 문자에 계승되었다.

고고학자 데이비드 루이스-윌리엄스David Lewis-Williams의 유명한 저서 제목을 빌려 표현하자면, '동굴 속의 마음The Mind in the Cave'은 몸에서 마음을 분리하여 다른 물질로 구현한 것이다.

그렇게 구현된 마음은 덕분에 얼마나 더 오랫동안 지속될 수 있었을까.

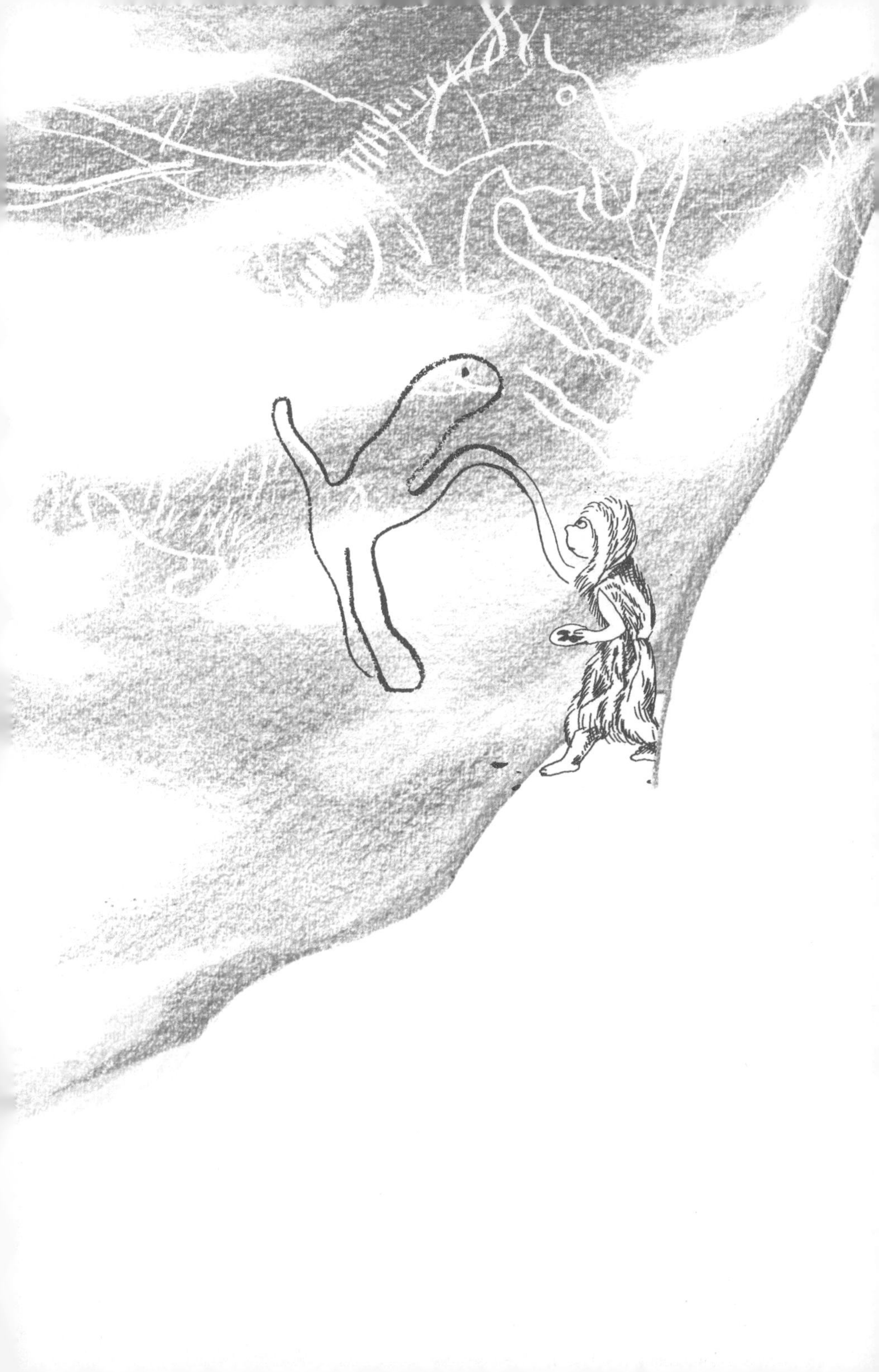

6

전하고 싶은 생각은 동굴 벽에 그려 주세요

지금 우리는 수많은 이미지가 지배하는 세상에 산다.
우리가 겪고 있는 폭발적인 이미지의 증가는
아주 먼 옛날에 이미 경험했던 상황이다.
사피엔스는 자신들을 형상화하고 의미를 부여하는 데
이미지를 사용했다.
그러면서 이들에게는 새로운 도전이 주어졌다.
우리가 느끼고 생각하는 것을 어떻게 표현할까?
우리 마음과 세상에 대한 인식을 어떻게 구체화할까?

진짜라기에는 너무 아름다운

동굴 벽에 램프를 비추자, 흔들리는 불빛 너머로 그림자 속에 숨어 있던 바이슨이 떼지어 모습을 드러낸다. 방금 그린 것처럼 생생한 색감에 놀라움을 금치 못한다. 거기에 그런 그림이 있으리라고는 전혀 예상도 못했다. 아니, 그럴 수 있다는 생각조차 전혀 할 수 없었다.

1879년 알타미라 동굴이 처음 발견된 후 20여 년이 지나 20세기가 시작되어서야, 이 선사시대 미술은 학계의 인정을 받았다. 처음 발굴할 때 무언가를 새기고 조각한 유골들이 발견되자 그 빼어난 솜씨에 발굴자들은 놀라는 한편 의구심을 가졌다. 그런데 이런 벽화가 발견되었으니 그 놀라움은 말로 표현할 수 없을 정도였다.

예상과는 반대로, 선사시대 미술은 걸음마 수준이 아니라, 이미 하나의 완벽한 언어였다.

예상과는 반대로, 선사시대 미술은 걸음마 수준이 아니라, 이미 하나의 완벽한 언어였다.

그 후로도 놀라움은 계속되었다. 20세기 초에 알타미라 동굴의 선사시대 미술이 발견되면서 선사시대인에 대한 인식이 완전히 달라진 후, 사람들이 제정신을 차렸기 때문이다. 그런데 사실, 알타미라와 퐁드곰Font-de-Gaume 등지에서 발견된 멋진 동굴 벽화는 진짜가 맞지만, 구석기시대의 끝자락인 약 1만 5,000년 전에 그려졌기에 상당히 최근 작품들이다.

선사시대 미술이 이보다 앞선 시대에 기원했다는 사실은 시간이 지난 후에 밝혀졌다. 학계에서는 조금 더 서툴고 초보적인 형상이 발견되면 앞선 시대 작품이라고 설명했다. 알타미라 벽화보다 조금 더 오래되어 2만 년 된 라스코 벽화도 마찬가지였다. 이 동굴 벽화도 알타미라만큼 인상적이었지만, 생동감과 원근감을 묘사한 표현력 측면에서 보면 후세 그림이 진화했다는 시각을 뒷받침했다.

모든 것이 제자리를 찾았다. 먼저 밑그림이 그려졌고 나중에 걸작이 나왔다는 식이다. 누구나 이해할 수 있는 선형적인 발전이다. 그러다가 20년 전 쇼베Chauvet 동굴이 발견되면서 이 아름다운 균형이 다시 한번 흔들렸다. 현재 알려진 가장 오래된 그림 가운데 하나인 쇼베 동굴 벽화는 3만 5,000년 전에 그려진 것이다. 눈부시게 숙련된 솜씨로 그려진 이 벽화 속 형상들은 미술은 갈수록 진화하여 완숙기에 이른다는 논리에 의구심을 품게 했다.

한 걸음 떨어져서 보는 세계지도

선사시대 작품 목록을 간략하게 만드는 것은 말도 안 되는 바람이다. 오늘날, 세계 곳곳의 바위에 온갖 형태로 남아 있는 작품이 수십만 점은 되기 때문이다. 앞서 살펴보았지만, 현재까지 알려진 초창기 작품들 가운데 유럽에서 발견된 것들은 동굴 안에 그려져 있다는 특징이 있다. 그런데 오스트레일리아의 바위 아래 은신처에서 발견된 벽화도 최소한 유럽만큼 오래되었다. 두 경우 모두 4만~3만 년 전 사이에 이런 미술적 표현이 시작되었고, 그 후 수천 년간 발전했다.

바위나 동굴, 은신처는 다양하고 빼어난 도상학의 세계를 보여 주는 거대한 비밀 극장이 된다.

바로 이 시기에 아프리카를 비롯한 다른 지역에서도 미술 작품이 등장하기 시작했다. 그런 다음 플라이스토세 말기 마지막 몇천 년(즉 1만 5,000~1만 년 전부터), 특히 홀로세 동안 이 현상이 폭증했다. 어느 하나 제외되는 대륙이 없다. 북아메리카 대평원에서 카스피해 연안까지, 오스트레일리아 중부 사막에서 파타고니아 대초원까지, 사하라 사막과 남아프리카 고원, 인도 일부 지역은 말할 것도 없다.

바위나 동굴, 은신처는 다양하고 빼어난 도상학의 세계를 보여 주는 거대한 비밀 극장이 된다. 암벽에 그리거나 새긴 암면미술 외에도 이른바 '이동 가능한' 작품들, 즉 지니고 다닐 수 있는 돌이나 뼈, 나무에 새기거나 조각한 작품들도 있다.

추상화에서 구상화로

얼마 전까지 선사시대 작품이라고 하면 암묵적으로 구상미술을 뜻했다. 동물이나 식물, 사람, 때로는 상상의 존재를 복잡한 벽화로 그리거나 독립된 패턴으로 그리고 새기고 조각한 것이다. 하지만 이외에도 추상적인 기하학적 형태를 미술로 표현한 작품이 매우 많다.

덕분에 상황은 복잡하게 꼬여 버린다.

우리는 몇몇 아프리카 유적지에서 발견된 10만 년 전의 초기 기하학적 도형과 세계 다른 지역에서 발견된 가장 오래된 구상화 사이에 5만~6만 년 이상의 시차가 있다는 사실을 알고 혼란에 빠진 상태다.

아프리카 남부에서는 주로 타조 알이나 색깔 있는 돌 안에 든 작은 단괴(퇴적암 안에 주변 성분보다 단단한 특정 성분이 모여서 만들어진 덩어리-역자) 위에 상당히 복잡한 패턴이 그려진 유물이 발견되어 '장식미술'이 조기에 발달했음을 입증했다. 장신구는 몇 안 되는 아프리카 유적지에서 10만 년 전부터 출현했지만, 약 4만 년 전에야 실제로 자리매김했다.

그렇다면 최초의 패턴, 정확히 말해 기하학적 패턴이 처음 나타난 때와 엄밀한 의미에서 최초의 구상화(실재하거나 상상할 수 있는 사물을 그대로 나타낸 그림)가 등장한 때 사이에도 장신구와 똑같이 6만 년 정도의 시간 간격이 있다는 것을 어떻게 설명할 수 있을까?

직관적으로 생각한다면, 인간은 아주 일찍부터 현실계를 표현하려 노력했다고 생각할 수 있다. 즉 몇몇 단어는 말로 표현하려고 애썼을 것이다. 인간 자신은 물론 동물, 식물 등을 가리키는 어휘가 이미 존재하지 않았다고 보기는 어렵기 때문이다.

물론 비구상적인 패턴을 만들면 상징적 사고 발달로 이어지고, 이를 바탕으로 나중에 형상과 제대로 된 도상적 언어가 활발하게 발전했다고 생각할 수도 있다.

하지만, 아니다. 아직은 전혀 그렇지 않다. 이런 그림 이면에 상징 체계가 있다면 그 상징 체계는 아직은 추상 패턴으로만 구체화되었다. 물론 비구상적인 패턴을 만들면 상징적 사고 발달로 이어지고, 이를 바탕으로 나중에 형상과 제대로 된 도상적 언어(가령 상형문자-역자)가 활발하게 발전했다고 생각할 수도 있다. 그러나 이런 현상이 일어난 원인에 대해서 다른 설명도 가능하다.

그전에 첫 번째 문제로, 이 플라이스토세 미술의 보존 문제를 고려해야 한다. 오랫동안 우리는 이 시기의 미술 하면 가장 먼저 '동굴미술'을 떠올렸다. 이들 미술 작품이 땅속 깊은 곳에서 발견되었기 때문이다.

그러다가 이런 환경이라야 이 시기 미술 작품이 최상의 상태로 보존될 수 있다는 것을 알게 되었다. 간혹 동굴에서조차도 벽화가 '삭아 버리는' 경우가 있었다.

하지만 실외 암면미술도 엄연히 존재했다. 틀림없이 훨씬 많이 있었을 것이다. 다만 세월의 작용으로 대부분 사라져 버렸다. 유럽에서는 이베리아반도와 특히 포르투갈 코아Coa 계곡의 바위 그림이 대표적이다. 20여 년 전에 발견된 이곳에는 세월을 버텨낼 수 있었던 단단한 편암 위에 수백 개의 형상이 새겨져 있다. 그러나 이런 보존 환경은 드물 뿐만 아니라 예외적인 경우다.

그래서 우리는 깊은 은신처나 동굴의 어둠 속에 감춰진 작품만 볼 수 있었다.

형상은 우리에게 무엇을 말하는가?

두 번째 문제도 만만치 않다. 고백하자면, 우리는 선사시대 미술에 대해 도통 아는 바가 없다. 유럽에서 발견된 선사시대 동굴 벽화를 예로 들어보자. 주로 동물이 떼지어 있거나 단독으로 있는 모습이 그려졌는데, 마치 현실에서 몽환적인 공간으로 옮겨 놓은 것처럼 보인다. 여기에 가끔은 남성뿐만 아니라 특히 여성의 모습(외음부, 실루엣 등)과 여러 추상적인 기호도 표현되어 있다.

그런데 이런 그림은 대체 어떤 메시지를 전달하는 걸까? 선사시대 미술을 해석하는 문제는 분명 매우 흥미롭다. 그러나 모든 해석은 작품을 만든 작가의 정확한 작업 동기보다는 그 해석을 제시하는 사람과 시대를 더 많이 반영한다.

가령 오스트레일리아의 현대 미술가들이 수천 년간 이어진 전통을 계승하려는 모습을 생각해 보자. 우리는 이 미술가들이 현재 그 전통에 어떤 의미를 부여하는지는 알아낼 수 있다. 그들의 세계관과 과거에 대한 태도에 대해서도 많이 알게 된다. 그러나 그들이 계승한다고 주장하는 선조들이 제일 처음에 가졌던 동기에 대해서는 알 수가 없다. 마치 시골의 한 성당에서 미사가 끝난 뒤 제대초를 관리하는 교회 지기에게 그리스도교의 시초를 설명해달라고 하는 셈이다.

그래도 조금 긍정적인 자세로 인정할 것은 인정하자. 벽화미술이 발견되고 1세기 전부터 여러 해설 이론이 쏟아져 나왔다. 그 가운데 어느 이론이 정설이라고 말할 수는 없지만, 덕분에 여러 가지 가능성을 가늠할 수 있었다. 사냥과 다산을 기원하는 주술이라는 주장부터 샤머니즘 의례라는 주장까지 다양하다.

이뿐만 아니라 문양 배열 규칙을 나타낸 것이라거나, 음양 이원론을 그린 것이라거나, (시조 신화부터 시작해서) 신화를 표현한 것이거나, 종족을 지켜주는 '토템' 동물이나 '문장'이라는 등 여러 설이 있다.

이 정도면 핵심 이론은 다 언급한 것 같다. 이 자리를 빌려 이런 이론들을 주창한 학자들, 살로몽 레이나슈Salomon Reinach, 앙리 브뢰이유Henri Breuil, 장 클로트Jean Clottes, 앙드레 르루아-구랑André Leroi-Gourhan, 아네트 라맹-앙프레르Annette Laming-Emperaire, 막스 라파엘Max Raphaël, 알랭 테스타르Alain Testart, 엠마누엘 기Emmanuel Guy(이외에도 다른 학자들)에게 경의를 표하도록 하자.

미美의 추구

접근 방식을 바꿔 보자. 선사시대 미술 제작 방식과 원근법에 관해서도 많은 연구가 이루어졌다. 덕분에 뒤이어 다룰 주제와 관련해서 가장 흥미로운 연구 결과를 얻을 수 있었다. 선사시대 미술 작품을 눈앞에서 보면 가장 먼저 그 뛰어난 기량에 마음을 빼앗긴다.

예를 들어, 선사시대 미술가들이 1만 5,000년이나 2만 5,000년, 3만 5,000년 전에 작업했던 도르도뉴Dordogne 동굴이나 피레네Pyrénées 동굴, 아르데슈Ardèche 동굴의 벽화 앞에 우리가 서 있다고 하자. 여러분이 아주 어렸을 때부터 그림을 그리고 칠하며 보낸 시간이 많다 해도 이 벽화를 금세 따라 그릴 수 있을까? 그러한 면에서, 동굴 벽화는 어렸을 때부터 교육받고 훈련받은 매우 노련한 사람들이 그렸음에 틀림없다.

이 작품들이 전달하는 이야기의 힘에 관계없이, 이들 작품 안에는 또 다른 메시지가 담겨 있다. 하나의 미술 언어를 탐구하고 숙달함으로써 얻는 즐거움과 권위, 색채를 다루는 솜씨와 시각 효과 표현법이 그것이다.

그런데 바로 여기에 사회학적 관점에서 매우 중요한 측면이 있다. 구석기시대에 유럽에서 이런 미술 작품이 꽃을 피웠던 시기에는, 미술 활동 외에는 도구와 무기 제작을 비롯한 대부분의 다른 활동에 전문가가 동원되지 않았던 것으로 보이기 때문이다. 물론 '전문가급'으로 평가받을 만큼 다른 사람들보다 능숙하게 일을 잘

하는 사람은 분명 있었을 것이다. 어쩌면 다른 형태의 분업이 이루어졌을 수도 있다. 증거는 없지만, 성별에 따른 분업도 흔히 언급된다.

하지만 우리가 발견한 모든 범주의 유물 전체를 분석하고 그 유물을 바탕으로 그 시대의 활동을 재현해 보면, 모든 개인에게는 그가 속한 문화에서 사용하는 노하우 전체를 어느 정도는 다 익혀야 하는 의무가 있었던 것으로 보인다(단 성별 분업은 거의 예외로 삼는다). 물론 미술 분야만큼은 제외하고 말이다.

미술가라는 전문직의 등장

사실 붓이나 규석, 목탄을 들고 멋진 작품을 표현하는 재주가 모두에게 있었다고 생각하기는 어렵다. 쇼베, 페슈 메를, 라스코, 니오 동굴의 눈부신 벽화를 그리거나, 테자Teyjat 동굴 벽에 들소 떼를 새기거나, 앙글-쉬르-랑글랭Angles-sur-l'Anglin의 바위 밑 은신처에 조각하거나, 튁 도두베르Tuc d'Audoubert 동굴에서 점토로 바이슨을 빚어 내는 능력은 아무에게나 있는 것이 아니다. 이런 작품은 확실히 실력을 인정받은 전문가의 솜씨가 분명하다.

그렇다고 해서 이들이 다른 사람들보다 우월한 권력을 누렸다는 의미는 아니다. 다만 이들이 표현한 미술 작품이 지니는 중요성으로 미루어 보건대, 틀림없이 전문가라는 지위가 존재했을 것이라는 뜻이다. 고대의 글씨 쓰는 직업인 필경사와 비슷한 신분이었다고 보면 될 것 같다. 즉 자신의 것이 아닌 권력을 위해 일하되, 그 권력을 표현하는 데에는 없어서는 안 되는 존재였다.

또 다른 연구 영역은 그림이 그려진 곳에 관한 것이다. 이미 앞에서 강조했듯 우리가 발견한 작품들은 빙산의 일각에 불과하며, 기본적으로 동굴 속 가장 깊은 곳에 있어 제일 잘 보존된 것들이라는 사실을 명심해야 한다. 하지만 동굴미술만으로 선사시대 미술을 압축해서 보여 줄 수 없는 것은 확실하다. 야외에 온전히 드러난 바위에 새겨진 작품들, 또는 넓게 노출된 곳에 있는 작품들은 누구나 볼 수 있는 공개된 장소에도 미술 작품이 존재했다는 사실을 알려준다.

그렇더라도 여전히 동굴이나 땅속의 작품은 악천후에 보호되어야 할 뿐만 아니라 허락되지 않은 사람들의 눈에 띄면 안 되는 메시지가 담겨 있다는 뜻이다.

여전히 동굴이나 땅속 미술 작품이 존재했다. 이는 그 작품이 악천후에 보호되어야 할 뿐만 아니라 허락되지 않은 사람들의 눈에 띄면 안 되는 메시지가 담겨 있다는 뜻이다.

오늘날에는 동굴미술을 복제품으로만 접해야 하는 경우가 많다. 최소한 프랑스에서는 그렇다. 그중 쇼베 동굴벽화와 라스코 동굴벽화가 제일 유명한데, 물론 이런 조치를 한 이유는 원작을 보호하면서도 사람들에게 작품을 감상할 기회를 주기 위해서다. 너무 많은 관람객이 동굴을 방문하면 벽화가 변질될 뿐만 아니라 파손되기 때문이다.

암각화나 암채화 가운데 몇몇은 쉽게 접근 가능한 곳에 있지만, 많은 작품은 군대에서 장애물 통과 훈련을 하는 정도까지는 아니더라도 상당히 좁은 통로를 거쳐야만 들어갈 수 있는 곳에 감추어져 있다.

물론 우리는 선사시대 사람들이 어떻게 동굴이라는 공간을 머릿속에 떠올리고 그곳에 들어갔는지는 알지 못한다. 하지만 한 가지만은 확실하다. 이 시대의 미술 작품에는 다양한 수준의 담론이 존재했으며, 이런 담론에 다가가려면 묵묵히 길을 헤쳐나가야 했다.

입문자를 위한 미술?

가장 유명한 동굴 가운데 하나인 도르도뉴 지방의 라스코 동굴을 예로 들어보자. 동굴 입구가 어디인지만 안다면, 동굴 출입이 금지되지만 않았다면, 동굴 속 첫 번째 공간에는 꽤 쉽게 접근할 수 있다. 말과 사슴뿐만 아니라 거대한 들소가 무리 지어 뛰어다니는 바로 그 유명한 원형 광장, 일명 '황소의 전당'이다.

여기서 안쪽으로 더 들어가면 나오는 경이로운 공간, '축의 갤

러리Axial Gallery'만 해도 상당히 은밀한 곳이다. 황소의 전당에서 오른쪽으로 숨은 이 통로를 지나면 풍성하게 장식된 반월형 공간과 중앙홀이 나온다.

하지만 '고양이 굴Chamber of Felines'과 '수직 갱도Shaft'는 이들보다 더 깊숙한 곳에 있어서 곡예 부리듯 탐험한 끝에야 겨우 들어갈 수 있다.

그런데 그림이 많지 않은 수직 갱도에는 다른 모든 공간과 대비되는 벽화가 하나 있다. 사실 원형 광장이나 축의 갤러리에는 생기 있는 동물 무리와 함께 잘 정리된 평화로운 세상이 표현되어 있어 명백하게 조화로움이 느껴진다. 반면 수직 갱도에는 난폭하고 수수께끼 같은 장면이 하나 그려져 있다. 반은 사람이고 반은 새의 형상을 한 존재가 거꾸러져 있는데, 그 앞에 있는 배가 갈라진 바이슨 한 마리가 이 반인반조를 넘어뜨린 것으로 보인다. 그 옆으로는 코뿔소 한 마리가 멀리 사라져간다. 과연 이 그림에는 어떤 비밀이 숨어 있는 걸까? 누구를 대상으로 삼아 그린 것일까?

우리는 이 그림의 의미는 알 수 없지만, 이 그림이 지닌 소명에는 접근할 수 있다. 이 미술 작품은 어떤 기초적인 지식을 전달하는 입문자용 매개체였다. 세상의 진리를 배우는 자들에게 그 진리를 차근차근 드러내

이 미술 작품은 어떤 기초적인 지식을 전달하는 입문자용 매개체였다. 세상의 진리를 배우는 자들에게 그 진리를 차근차근 드러내는 역할을 했다.

는 역할을 했다.

흔히 우리는 선사시대 미술에는 거의 서사가 없다고 말한다. 떼지어 있는 동물들과 간혹 그 주위에 있는 다양한 상징들로부터 엄밀한 의미의 스토리텔링은 발견할 수 없을 것 같다. 여성의 상징이 그려진 경우에도 그 상징 자체를 넘어선 더 많은 이야기가 담겨 있지는 않다. 이런 미술에는 확실히 어떤 이야기가 있어야 하지만, 안타깝게도 오늘날에는 알 수 없다. 그래서 이 미술에 담긴 세계관과 세계관이 설정된 방식, 즉 이 미술이 세계를 구현하는 방식을 밝히는 편이 더 낫다.

달리 표현하자면, 선사시대 미술은 전적으로 하나의 사상을 뒷받침하는 역할을 했다. 우리는 이 미술의 의미를 인식하지 못할 수도 있고, 이 미술이 묘사하는 세계를 완전히 낯설게만 느낄 수도 있다. 그렇더라도 우리는 이 미술이 지닌 소명을 세세하게는 아니더라도 굵직굵직하게나마 밝히려는 노력은 할 수 있다. 아니, 어쩌면 그 안에는 여러 가지 소명이 있을 수도 있다.

이 미술이 지닌 여러 소명 가운데 첫 번째가 바로 앞 장에서 다루었던 사고의 외면화다. 생각이 이런 이미지들을 통해 형상화된다. 하나의 정신을 드러내기 위해 관념적인 언어가 아닌(그렇지 않다면 아무것도 볼 수 없을 것 아닌가!), 자신만의 고유성을 지닌 언어를 사용하는 것이다.

집단 기억의 표현 선사시대 미술은 특정한 한 사람만을 위한 표현물이 아니라, 잠재적으로 모든 사람이 동시에 소유하는 표현물이다. 이 미술은 의례와 통과의례를 기억하게 해 준다. 이것을 보면 미술에는 무엇보다도 규칙을 가르치려는 목적이 있음을 알 수 있다. 우주의 규칙, 우주에서 탄생한 인간이 차지하는 위치에 대한 규칙, 이런 규칙을 준수할 의무를 지는 사회의 규칙 말이다.

이 지점에서 우리는 흔들리는 횃불 아래로 선사시대 미술이 지닌 첫 번째만큼이나 중요한 두 번째 소명을 발견한다. 이 시절에는 사회의 기반이 틀림없이 신앙에 바탕을 두었을 것이다. 선사시대 미술은 바로 이 신앙 시스템을 뒷받침했다. 한마디로, 정치·종교적 질서의 버팀목 역할을 해야 하는 소명이 있었다.

어쩌면 그래서 미술이라는 새로운 언어를 발명했을 것이다. 새로 등장한 정치·종교적 질서에 또렷한 영적인 힘을 부여할 필요가 있었기 때문이다. 이런 영적인 힘은 우리가 다른 힘(가령 죽음의 힘)과 맞서 싸울 수 있게 만든다. 또한 왜 이런 식이 아니라 저런 식으로 결혼해야 하는지, 왜 이것이 아니라 저것을 먹어야 하는지, 어떤

이 미술은 의례와 통과의례를 기억하게 해준다. 이것을 보면 미술에는 무엇보다도 규칙을 가르치려는 목적이 있음을 알 수 있다. 우주의 규칙, 우주에서 탄생한 인간이 차지하는 위치에 대한 규칙, 이런 규칙을 준수할 의무를 지는 사회의 규칙 말이다.

행위가 적법하고 또 어떤 행위는 금지되어 있는지, 어떤 사회 질서를 지켜야 하는지 등도 설명한다.

이렇듯 선사시대 사람들은 영적인 힘이 인간보다 먼저 존재한 것처럼 느껴지도록 땅속 깊은 곳에 분위기를 조성해 놓고, 이 모든 것을 가르치고 후세에 길이길이 전했다. 그렇기에 3만~4만 년 전 여러 지역에서 처음 등장하여 점차 인류 전체로 확산한 이 구상미술은 현대성이라는 전면적인 사상의 변화를 드러내는 징후가 되는 것이다.

3만~4만 년 전 여러 지역에서 처음 등장하여 점차 인류 전체로 확산한 이 구상미술은 현대성이라는 전면적인 사상의 변화를 드러내는 징후가 되는 것이다.

게다가 우리는 구석기시대라면 걱정이라고는 생존 문제밖에 없는 태평한 사회라는 이미지를 떠올리거나, 권력 문제와는 전적으로 분리된 완벽하게 평등한 사회라고 생각해 왔다. 하지만 이와는 달리 구상미술 덕분에 구석기시대의 마지막 시기는 그야말로 형형색색의 다양한 모습을 띠었던 것으로 밝혀졌다.

우리는 이런 다채로운 역할을 표현한 가면들을 통해 우리 자신의 특성을 잘 알게 된다. 아무런 꾸밈없이 벌거벗은 사피엔스로 바라보는 것보다 오히려 더 잘 알 수 있다.

집단, 정치적으로 조직화되다

프랑수아 봉과 안 로즈 드 퐁테니유의 대담

우리 인류는 언제부터 현대성에 직면했나요?

우선, 현대성의 정의에 대한 합의가 필요합니다. 오래전부터 선사학자들은 후기 구석기시대와 함께 우리 인류가 현대성에 도달했다고 간주합니다. 이 시기가 그때부터 현재까지 이어지는 인류 사회 유형과 일치한다는 의미에서 그렇습니다.

물론 그동안 다양한 모습을 띠기는 했지요. 하지만 이 시기 현대적 행동의 토대가 발전했습니다. 특히, 영적인 영역에서 발전이 두드러졌습니다. 여기에는 미술의 비약적 발전이 큰 역할을 한 것이 틀림없습니다.

어느 순간부터, 멸종된 인류가 만든 화석 사회는 현대적 행동을 하는 생물학적 현생 인류가 만든 사회로 옮겨 갔습니다. 이와 함께, 예전에는 경멸적인 의미로 원시적이라고 평가받았던 현재의 수렵채집 사회가 이제는 최초의 사회로 재평가되었습니다. 남아공의 부시맨 부족이나 오스트레일리아 원주민 부족이 바로 그런 예지요.

19세기에는 인류 사회를 단순한 사회부터 복잡한 사회로 분류하려고 애썼다면, 오늘날에는 파리에 있는 프랑스 국립 인류사박물관 케 브랑리quai Branly처럼 우리를 하나로 묶는 것(소위 '초기 미술')을 찾으려고 노력합니다.

20세기 후반의 인문철학 프로젝트는 인류 전체를 아우르는 것이 무엇인지, 이것이 언제부터 등장했는지 규정하는 작업에 집중했습니다.

어떤 기준으로 현대성을 나누나요?

아주 옛날부터 했던 수렵 활동이나 특정 유형의 무기나 도구 등은 기준이 되지 못합니다! 대신, 몸에 했던 장식품, 미술의 발달, 특히 구상미술의 발달을 주로 기준으로 삼습니다. 그전부터 출현하기는 했지만, 장례 문화도 기준이 됩니다.

오늘날 이 주제와 관련한 가장 큰 연구 분야 가운데 하나가 아프리카에서 다양한 현상이 나타난 기원을 찾는 것입니다. 최초의 아프리카 사피엔스가 어떻게 이런 상징적 행동의 선구자가 되었는지를 밝혀내는 거죠.

어떤 메커니즘 때문에 이런 상징적 표현이 필요해졌습니까?

앞서 우리는 벽화미술보다 의미가 없어 보일 수 있지만, 몸치장이나 매장 문화, 장식한 시신에 대해서도 살펴보았습니다. 그러면서 어느 순간 규범을 전파할 필요가 생긴 이유를 알아내고자 했습니다. 한 집단 내부에서뿐만 아니라 집단과 집단 사이에서도 마찬가지로 말이지요.

이것들을 보면, 사회 규범이 발달했다는 것을 알 수 있습니다.

사회 규범의 상세한 내용은 알 수 없지만, 후기 구석기시대에 매우 화려하게 장식된 장례 문화가 등장합니다. 이것은 남녀노소 등 진정한 사회적 구분이 존재했다는 것을 보여줍니다. 언제부터 이런 사회적 조직화가 이루어졌고 장신구와 같은 표식을 사용했는지를 연구하는 것이 바로 우리가 하는 일이랍니다.

인류는 언제부터 장신구를 했나요? 장식품을 만드느라 생계 활동 시간이 줄어들지는 않았나요?

장식품의 발달은 두 시기로 나누어 분석합니다. 5장에서 보았듯, 1단계는 아프리카와 근동에서 산발적으로 몇몇 유적지에서 장식품이 발견된 시기입니다. 이때의 장식품들은 큰 노하우가 필요 없는 것들입니다. 반면, 후기 구석기시대인 약 4만 년 전이 되면 장식 현상이 폭발적으로 발달해서 다양한 형태의 장식품이 만들어지고 어떤 경우 매우 전문적인 노하우도 활용됩니다.

후기 구석기시대에는 상아 같은 일부 재료가 독보적으로 인기를 끌고 값어치도 높게 평가받았습니다. 상아는 유럽 서부보다는 동부에서 더 많이 사용되었고, 제작 기술도 고도로 발달했습니다.

후기 구석기 최초의 위대한 문화인 오리냐크 문화에서부터 그랬습니다. 이 시기에는 장식 조각된 상아 피리도 있었답니다! 상아 구슬의 경우 모양 면에서 매우 표준화된 노하우가 사용되었고, 사회적 가치가 매우 컸을 것이 분명합니다. 지역에 따라서는 이런 모양이 높이 평가받는 곳이 있는가 하면 저런 모양이 더 선호되기도 했지요.

그런데 상아가 어디서나 귀한 대접을 받았던 것은 아닙니다. 지중해 지역에서는 조가비나 몇몇 동물, 가령 여우의 치아로 장신구를 만들었습니다. 아프리카에서는 타조알 구슬이 인기가 많았는데, 그 후로도 최근까지 인기가 높답니다.

이런 장식품이 집단에 전하는 메시지는 무엇입니까?

사회에는 규범이 필요합니다. 그리고 공동체 생활을 규제하는 규칙을 모두가 알아야 합니다. 미술이 구상화되었듯, 이런 규범도 우주 속 인간의 위치, 세상의 조직, 동물의 역할을 알려주는 메시지를 전달합니다. 또한 세상의 기원과 이 세상에 사는 다양한 생명체의 위치를 이야기하는 신화의 구조를 뒷받침합니다.

신석기시대

선사시대에서 구석기시대와 중석기시대의 뒤를 이은 신석기시대는 사회·기술 측면에서 심오한 변화가 일어났다. 이러한 변화는 인류가 농경과 목축을 바탕으로 한 생계 모델을 채택하여 정착 생활을 했기 때문에 생겼다. 이 시기의 주요한 기술 혁신으로는 간석기와 토기의 일반화, 건축의 발달을 들 수 있다. 신석기시대는 기원전 9,000년 근동 지역에서 처음 시작되어 기원전 3,000년에 서유럽에서 청동기시대가 시작되면서 끝난 것으로 본다.

뿐만 아니라 규범은 남성성과 여성성을 체계화하고, 자신이 속한 사회에서 자신에게 주어진 위치에 따라 세상의 진리에 입문하게 해 줍니다.

한 개인은 정확한 체계화로 얻은 규칙과 기능을 배우는 순간부터 자신의 위치를 알게 됩니다.

그렇다면 집단과 집단 사이에서는 어떻습니까?

3만 년 전, 프랑스 남부에서 규석을 사용했던 것을 예로 들어봅시다. 당시 사람들 사이에 네트워크가 있었고, 그 지역 전체뿐만 아니라 스페인 북부나 파리 분지 남부까지 사람들이 서로 알고 지냈다는 것이 분명합니다. 사람들은 계속 순환해서 이동하지는 않았지만, 서로서로 유대관계에 있었습니다.

동시에, 각 집단은 정체성을 더욱 체계화했습니다. 이 두 요소는 서로 밀접하게 연결되어 있습니다. 중기 구석기시대에는 후기보다 제한된 지역에서 살았고 인접한 곳으로만 옮겨 다녔습니다. 그래서 규모가 큰 접촉 범위와 관계망을 지닌 사회보다는 집단의 정체성 문제가 크게 대두되지 않았습니다. 그러나 후기가 되면서 집단의 정체성에 대한 요구는 커집니다.

여러 사회가 서로 연결될수록 각자의 차이를 드러내고 '민족적' 정체성을 확립하려는 경향이 강해지는 법입니다. 자신의 정체성을 드러내는 방법 가운데 하나가 상대방 앞에 맨몸으로 나서는 것이 아니라 차이점을 나타내는 장치를 걸친 모습을 보여주는 것입니다. 이런 장식품은 한 사람이 다른 사람에게, 한 세대에서 다른 세대로 물려줄 수도 있습니다….

동굴벽화도 마찬가지지만, 장신구도 인간의 삶을 초월하는 시간성 안에서 사상과 규범, 메시지를 표현하는 역할을 합니다. 개인은 개인을 초월하는 규칙, 표식, 규범에 따라 작동하는 사회에 속하니까요.

선사시대 미술과 넓은 의미로 종교의 탄생이 어떻게 연결되는지 다시 한번 자세히 설명해

주시겠습니까?

19세기 말에는 기능주의적인 모델이 학계의 정설이었습니다. 즉 신석기시대에 일부 사람들이 땅을 점유하여 부를 쌓으면서 종교가 출현했다는 주장이었지요. 이렇게 부가 축적되면서 권력이 생겨났고, 이 권력에 상징적 정당성을 부여하기 위해 종교의 탄생이 역학적으로 촉진되었다는 말입니다.

이 모델을 주장했던 사람들은 인간이 신을 발명했으며 이 시기를 들여다보면 왜 그런지 설명이 된다고 여겼습니다.

하지만 그 후 얼마 지나지 않아, 그때까지 사람들이 생각했던 것보다 구석기시대 미술이 훨씬 더 중요하다는 사실이 밝혀졌습니다. 이 시기에는 아직 진정한 의미의 종교가 탄생하지는 않았더라도 신앙을 표현하려 했던 것은 확실해 보였습니다. 사실, 구석기시대 동굴미술을 인정해야 한다는 앙리 브뢰이유 신부의 주장을 둘러싸고 학계에서는 큰 논란이 있었습니다. 이후 브뢰이유 신부는 전 세계적으로 동굴미술의 권위자가 되었지만요.

하지만 제가 느끼기에는 이런 발견의 결과가 제대로 다 평가받지 못한 것 같습니다. 동굴벽화의 암호를 풀려고 애쓰면서 그 의미에만 초점을 맞추었을 뿐, 정치·종교 측면에서 살펴보는 노력은 부족했습니다. 이들 벽화가 신앙과 세상의 묘사, 이를 보여 주는 이데올로기를 뒷받침하는 것이 명백한데도 말이지요.

교수님께서 말씀하시는 정치와 종교의 관계를 자세히 설명해 주시겠습니까?

당연히 정치라고 하면 위계 사회, 족장과 주로 제사를 담당하는 귀족계급, 노예가 떠오릅니다! 하지만 정치는 이보다 훨씬 광범위합니다.

정치란 한 사회를 구성하는 규칙입니다. 사회의 모든 구성원이 동의해서 만든 규칙이며, 사회 구성원들은 이 규칙이 없으면 그 사회가 붕괴한다고 믿고 이를 준수하지요. 권력은 몇몇 소수의 사람이 다른 사람들의 희생을 바탕으로 잡는 것 만은 아닙니다.

그런 흥미로운 사례를 현재의 수렵채집 사회에서 볼 수 있습니다. 정확히 말해서 일부 소수가 권력을 쥐고 다른 사람들 위에 군림하지 못하도록 이들 사회에는 매우 구체적인 규칙과 규범 체계를 갖춘 사회조직이 명백하게 있습니다.

현대 사회는 그 사회의 조직을 구상해내는 능력이 이데올로기와 신앙으로 이를 정당화하는 능력을 지닌 사회로 정의됩니다. 구상미술과 장식품의 폭발적인 발달은 장차 정치·종교에 지배되는 사회를 수립하는 것에 초점이 맞추어져 있습니다.

부분적으로라도 이 당시 집단의 크기가 어느 정도인지 알려져 있습니까?

이 문제에는 접근하기 까다롭습니다. 우선, 스무 명 정도 되는 사람들이 늘 함께 이동하는 집단이라는 이미지는 완전히 틀렸음을 확실히 하면서 시작해야 합니다. 경제·종교적으로 다양한 이유로 연중 특정 시기에 사람들이 모인다는 의미에서 이보다 훨씬 유동적인 사회 단위가 있었을 것이 확실합니다. 이런 모습은 현재의 모든 수렵채집 집단에서도 찾아볼 수 있어서, 후기 구석기 시대도 마찬가지였을 것입니다.

한마디로 말해, 모였다가 헤어지기를 끊임없이 반복하는 집단들이지요. 이런 집단들은 서로서로 알기는 하지만, 그렇다고 함께 사는 생활을 오랫동안 지속하지는 않습니다. 그렇기에 집단과 사회를 잘 구별해야만 합니다.

사회란 혼인, 조직, 재산 분배 등의 측면에서 공통 규칙을 공유하는 개인들의 집합이라 할 수 있습니다. 이런 사회는 핵가족, 대가족, 넓은 의미의 집단과 같은 사회적 단위로 구성됩니다.

집단이 만나고 헤어지는 모습을 잘 이해할 수 있게 구체적인 사례로 설명해 주시면 좋겠습니다. 현재 로맹 망상 Romain Mensan **박사와 함께 교수님께서 발굴을 이끌고 계시는 레지몽-르-오**Régismontle-Haut **유적지를 예로 들어보면 어떨까요? 이곳은 열다섯 명이 모여서 몇 주간 지내다가 떠난 뒤 다시는 돌아오지 않았던 곳으로 아는데요.**

많은 사람이 들으면 '선사시대 소설'이라고 할 수도 있는 이야기지만, 우리 발굴팀의 모든 연구 작업을 바탕으로 해서 말씀드리겠습니다. 이 멋진 오리냐크 시대 야영지는 요새 도시인 앙세륀Ensérune과 미디 운하canal du Midi 사이에 있습니다. 현재 이 유적지에서 알아낸 바로는, 약 3만 년 전에 사람들이 이곳에 와서 여러 활동을 하며 살았다는 것입니다. 이들이 했던 활동 가운데 일부는 흔적이 남아 있고 일부는 남아 있지 않습니다.

이 야영지에서 발견된 다수의 화덕은 여러 범주로 분류할 수 있습니다. 그 가운데 3개는 흔적도 많이 남아 있고 주변의 유물 분포로 보아 가정집 화덕처럼 보입니다. 그래서 이곳에 여러 가정집이 있었던 것으로 추측하고 싶습니다. 이들 가족은 모두 동시대인으로 밝혀졌습니다.

이것은 라스 앤더슨Lars Anderson 박사가 박사 논문을 준비하면서 규석이 사용된 시기를 거슬러 올라가서 얻은 결과인데 그의 연구에 따르면 이 규석으로 한 가정집 화덕 근처에서 어떤 물건을 떼기 방식으로 만든 다음, 다른 가정에서도 돌아가면서 사용한 것으로 보입니다. 매번 사용할 때마다 돌 조각 파편과 얇은 편 등이 남아 규석을 공동으로 사용했음이 입증되었지요.

이 유적지 안 물건들로 보아, 이곳에 살았던 사람들 사이의 관계도 조금은 알 수 있습니다. 사용한 규석의 출처에 따르면, 이들이 모두 다 같이 이동했다고 보기는 어렵습니다. 동쪽으로 100여 km 떨어진 론 계곡에서 온 규석도 있는가 하면, 200~300km 떨어진 도르도뉴에서 온 것도 있으니까요.

한마디로, 대략 레지몽을 중심으로 해서 프랑스 남부 각지에서 온 물건들이 발견되었습니다.

이 물건들로 보아 여러 지방에서 온 사람들이 이 유적지에 모였던 듯합니다. 그런데 이들이 몇 명이나 되었을까요? 가족이 셋이었다고 하면 남성과 여성, 아이들까지 해서 열다섯 명 정도로 짐작해 봅니다.

그런데 사람들이 무얼 하러 그곳에 온 건가요? 대체 왜, 어떻게 레지몽에 모였을까요?

우리가 알아낸 바로는 사람들이 그곳에서 동물을 사냥했습니다. 특히 바이슨 머리뼈가 발견되어 바이슨을 사냥한 것으로 보입니다. 이 3만 년 전의 수렵채집인 입장이 되어 한 번 생각해 봅시다. 바이슨(여기서는 구체적으로 수컷 바이슨) 한 마리를 잡으면 약 4㎡의 가죽과 400kg의 고기, 기타 유용한 재료들, 가령 힘줄, 골수, 뼈 등을 얻습니다.

틀림없이 같은 사회에 속하고 연대 관계가 있는 다른 한두 가족에게 이 소식을 전했을 겁니다. 현재의 수렵채집인 집단에서도 흔히 이런 식으로 일이 진행되거든요.

이렇게 하는 것이 합당한 이유는 아주 단순합니다. 전체 다 합쳐 무게가 800kg이나 나가는 바이슨 한 마리를 수 km에 걸쳐 옮길 수는 없기 때문이죠. 그래서 사람들이 동물 사체가 있는 곳으로 와서 그 주변에서 살면서 최대한 활용합니다. 이를테면 초원의 '북소리'가 울리자 사방에서 사람들이 도착해서 그곳에 몇 주간 정착했던 겁니다. 확보된 자원을 그동안 다 이용한 다음, 어느 순간이 되자 이 사람들은 다시 뿔뿔이 흩어졌을 겁니다.

이 시기에는 막집이 있었습니까? 아니면 다 같이 화덕 옆에 모여서 잤나요? 기초적이긴 해도 주거용 구조물도 발견되었습니까?

막집을 건설한 증거는 후기 구석기 시대에 뚜렷이 발견됩니다. 그야말로 이동 건축이 발달한 시기지요. 사람들은 한 곳에서 다른 곳으로 이동해 막집을 짓거나 천연 은신처를 활용했습니다. 가령 동굴 입구에 동물 가죽으로 가림막을 만들어 주거지로 개조했지요….

레지몽도 마찬가집니다. 그런데 이것으로 가죽을 운반해야 했다는 사실 외에도 우리가 알게 된 사실이 더 있습니다. 바로 이들에게 새로운 욕구가 생겼다는 겁니다. 안과 밖으로 공간을 나누고 싶은 욕구 말이지요. 이동 건축물의 발달은 비나 추위 등으로부터 몸을 보호할 수 있다는 장점뿐만 아니라, 사회학적 역할도 있었던 것이 분명합니다. 그러나 그러려면 운반이라는 대가를 치러야 했습니다.

이 시기에는 운송 수단이 무엇이었습니까?

가죽 제작에 투자된 시간은 막대했습니다. 몇 주가 걸렸으니까요. 그러니 이동하면서 이렇게 힘들게 만든 가죽을 버리고 가는 것은 상상도 못 할 일이었을 겁니다. 게다가 가죽을 버리면 새로운 장소에 도착했을 때 어떻게 하겠습니까? 그러니 가죽을 운반해야 하는데, 그러려면 어떻게 했을까요? 이 문제에 대해서 저는 북극 사람들의 생활에서 영감을 얻었습니다.

분명 다른 때보다 이동하기 쉬운 계절이 있습니다. 특히 강이 얼거나 눈이 내리면 그 위로 커다란 짐도 미끄러지게 해서 옮길 수 있지요. 반면, 여름에는 상황이 더 복잡합니다. 가론강이나 론강을 건너기가 아주 힘들거든요. 그래서 이 시기 사람들은 트래보이스(원시 썰매로 막대기 2개를 개나 말에 연결해 끌고 다닌 운송 수단-역자)처럼 아주 단순한 견인 장치를 사용했을 겁니다. 하지만 이것 역시 증거는 발견되지 않았습니다.

그러나 후기 구석기시대에는 늑대를 가축화해서 개가 탄생한 것으로 알려져 있습니다. 분명 개들은 야영지에서 멍멍 짖으며 사람들과 함께 지냈을 겁니다. 일각에서는 후기 구석기시대 초기부터 개를 키우기 시작했을 것이라 주장합니다만, 다른 일각에서는 갯과의 두개골 연구를 근거로 이런 주장에 이의를 제기합니다. 사실, 늑대에서 개로 변한 것이 정확히 언제부터인지 알아내는 일은 어렵습니다.

그렇다면 개를 가축화한 일차적인 이유가 짐을 끌게 하려는 것이었나요?

그렇습니다. 이건 확실합니다. 개를 사냥 도우미로 키우기 시작했을 가능성은 별로 없습니다. 수렵채집 집단에서는 대부분 개에게 물건을 끄는 역할을 맡깁니다. 북극 지방에서 개 썰매를 사용하는 것처럼 말이죠. 그러니까 후기 구석기시대에 짐을 끄는 동물이 필요했다면 커다란 짐, 특히 이동 건축물과 가죽 두루마리를 운반하기 위해서였을 겁니다.

현대 사회를 정의하는 가장 특징적인 기준이 무엇인지 명확하게 설명해주시겠습니까?

종합해 보면 생활 지역의 확장, 집단들의 더 원활한 이동, 장신구의 발달, 사회적 기본 단위의 발달을 꼽을 수 있습니다. 사회 기본 단위는 각자 화덕 주변에 모여 있다가 다른 사회 단위와 뭉쳐서 함께 바이슨 사냥을 하거나 동굴벽화를 그렸지요. 이는 그야말로 가장 현대적인 모습이라 할 수 있습니다.

후기 구석기시대 혁명에 대해 어떻게 결론을 내리시겠습니까?

다시 한번 강조하고 싶은 것은 이 혁명은 이미 후기 구석기시대 이전에 죽음에 대한 태도(죽음을 이해하는 방식-역자)와 함께 시작되었다는 것입니다. 죽음을 대하는 태도는 여러 가지 문제를 제기합니다. 그 가운데 육체의 소멸에 대한 인식이 정신의 소멸에 대한 의문도 갖게 한다는 것이 가장 중요합니다. 개인을 물질성 차원에서 인식하는 것과 정신으로서 인식하는 것이 분리되는 것이죠.

이후 수천 년에 걸쳐 장신구가 폭발적으로 증가하고 특히 구상미술이 등장하면서 정신이 여러 담론과 그림, 물건 안에서 구현됨으로써 고유한 존재성을 지니게 됩니다. 이로 인해 각 개인의 유한성에 예속되지 않고 담론을 만들 수 있게 됩니다. 육체는 사라질 운명이지만, 정신을 독자적으로 존재하게 할 방법이 생긴 것입니다.

그때부터 모든 인류 사회는 본래 의미의 실존이라는 문제에 직면했고 이 문제들을 해결할 신앙 시스템

을 개발했습니다. 인류 사회에서는 정신의 존재를 육체와 독립된 것으로 설정했으니까요. 선사시대 사회는 정신의 독자성을 발명했습니다.

이러한 이유로 구상미술을 활용했습니다. 담론을 전달하려면 기하학적인 형상보다는 그 담론 자체로 전달하는 편이 더 적합하기 때문이지요. 사람들은 영적인 힘과 정신이 육체에 예속되지 않는다는 생각을 만들어냈습니다. 덕분에 실존 차원의 문제뿐만 아니라 정치 차원의 문제도 해결했습니다. 사회가 작동하는 근간이 되는 순리를 정당화하는 것은 바로 신앙이기 때문입니다.

시조 신화는 그 안에 담긴 다양한 차원의 담론을 조절하고, 사회에서 남성이나 여성, 어린아이의 위치를 규정하는 신앙도 드러냅니다.

이 책에서 앞서 3개의 장에 걸쳐 다양한 상징 표현을 다룬 데에는 이유가 있습니다. 바로 사회적, 상징적, 정치적 문제가 어떻게 종교라고 불릴 만한 것과 점진적으로 얽히고설켜서 종국에는 현대 사회에 도달했는지 보여 주기 위해서입니다. 현대 사회는 정치·종교적 토대를 바탕으로 하면서 사회 규칙을 갖추었습니다.

이는 첫째, 한 사회를 작동시키고 둘째, 죽음을 대하는 태도에 대한 문제를 해결하는 두 가지 역할을 합니다.

N

7

신석기, 진정한 사피엔스의 시대로!

선사시대가 여러분에게 주는 놀라움은 아직 끝나지 않았다.

조금 전 여러분은 선사시대가 사피엔스를 탄생시키는 모습을 보았다.

하지만 세상을 만든 것은 오히려 사피엔스가 아닐까?

선사시대에서 또 다른 변화가 진행 중이다. 대개 이 변화를 가리켜

최초의 대大 '혁명', 농경과 목축 혁명이라 부른다.

영토와 도로의 발명을 가져온 혁명이라고도 한다.

도로의 흔적은 지금 우리 눈으로도 여전히 알아볼 수 있을

정도로 남아 있다.

이와 같은 변화로 새로운 '민족'과 새로운 언어도 만들어졌다.

이런 언어 가운데 일부는 지금도 여전히 사용되기도 한다.

그렇다, 신석기시대 이야기다.

신석기시대에는 단순히 역사시대의 전 단계 그 이상의 의미가 있다.

구석기시대가 현생 인류를 규정하는 몇몇 보편적인 원칙을 만들었다면,

신석기시대는 마침내 거의 온전한 인류가 되는 과정이자,

오늘날 우리가 경험하는 인류의 다양한 모습을

한 곳에서 만나는 단계이기도 하다.

약 1만 년 전, 세상은 완전히 변했다

선사시대 인류의 오래전 모습은 이미 사라진 지 오래다. 유럽의 네안데르탈인이나 아시아의 호모 에렉투스와 마주치지 않은 지도 벌써 수만 년이 지났다. 어디를 가든 사피엔스뿐이다.

물론 잊혀진 비밀 유물처럼 네안데르탈인이나 호모 에렉투스의 흔적이 사피엔스의 유전자 안에 조금은 남아 있다. 그렇더라도 인류의 생물학적 다양성은 상당히 감소했다.

세상은 완전히 달라졌고 지구상 대부분 지역에 사람이 산다. 지구는 인류로 가득 찼다. 너무 춥거나 더운 몇몇 오지만 빼고, 밤에 지구 위를 한 바퀴 돌아보면 지구 곳곳에 불이 훤히 밝혀진 것을 발견할 수 있을 것이다.

북아메리카 초원에서 시작해서 모자이크처럼 보이는 구세계, 즉 아프리카 한가운데를 지나 오스트레일리아 해안에 이르기까지 빈 곳을 찾기 힘들다. 높은 산꼭대기나 해안에서 보이지 않는 멀리 떨어진 외딴 섬 같은 오지만이 사람의 발길이 닿지 않았다. 구석기시대 수렵채집인들이 세상을 모두 차지한 것이다. 그런데 벌써 인류사의 새 페이지가 쓰이기 시작했다.

이동 생활을 하던 수렵채집인 가운데 일부가 이동 생활을 중단했다. 지중해 주변 지역을 필두로 근동과 아프리카 동부에서 나일강 같은 일부 큰 강 유역과, 곧이어 호숫가에서 몇몇 공동체가 정착 생활을 선택했다. 풍부한 수자원이 일 년 내내 제공하는 먹거리를 마음껏 활용할 수 있어서 굳이 이동할 필요가 없어졌기 때문이다.

기후가 온난해지면서 조성된 여건과 이로 말미암아 다양해진 자원 덕분에, 최초의 영구적 혹은 반영구적 마을이 꾸려졌다.

플라이스토세 말기의 마지막 몇천 년, 즉 마지막 빙하기 말기에 기후가 온난해지면서 조성된 여건과 이로 말미암아 다양해진 자원 덕분에, 최초의 영구적 혹은 반영구적 마을이 꾸려졌다.

산 자의 세상이 이렇게 변하자 죽은 자의 세상도 변했다. 북아프리카 마그레브 해안이나 나일강 유역, 근동 지역에서 최초의 공동묘지가 출현한 것이다. 이들 수렵채집인 집단이 한 곳에 주거지를 정하고 계속 살면서 당연히 죽은 사람들을 같은 장소에 모아두었다(게다가 이 장소는 그들의 일상생활 공간과도 일치한다). 유적지가 늘어났고 전체 매장 시신을 안 덕분에 이 시기에 인구가 증가했다는 사실도 알 수 있다.

정착 생활, 구석기시대의 산물

오랫동안 우리는 정착 생활이 농경의 산물이라고 생각했다. 농작물 재배로 식량을 생산하기 시작하면서 정착했고, 경작하기 좋은 장소에 마을이 생겨났다고 말이다. 그러나 사실은 이와 반대다.

그 비밀은 '비옥한 초승달 지대'인 요르단강 계곡에서 알 수 있었다. 이곳은 농경과 목축이 시작된 곳으로 알려져 있었다. 한마디로, 신석기시대가 발명된 곳으로 지목된 장소였다. 수렵채집인 공동체가 이 지역에 마지막 빙하기 말기인 1만 4,000~1만 2,000년 전 사이에 정착해서 제대로 된 마을을 만들었다. 완전히 영구적이지는 않더라도 반영구적으로 유지되었던 마을은 반원형의 집들로 이루어졌다. 땅을 어느 정도 파고 접착제 없이 돌만 붙여 만든 작은 벽을 토대로 집을 올렸다. 갈릴리 언덕이나 요르단강가에 형성된 마을에서는 주민들이 계절에 따라 많이 이동하지 않아도 충분히 생계를 유지할 수 있었다. 마을 안에서 다양한 식량을 경작했기 때문이다.

이런 나투프 문화Natufian culture(팔레스타인의 중석기시대 문화-역자)에서는 여전히 야생동물 사냥과 어로 활동이 주로 이루어졌지만, 식물 자원을 바탕으로 한 경제도 강화되기 시작한 것 같다. 즉 야생식물, 특히 야생 곡물을 단순히 채집하던 것에서 벗어나 조금씩 통제하는 방향으로 갔다. 다음 해에 더 많이 거둬들이기 위해 첫 번째 곡식 알갱이를 심어 수확하고, 장차 최초의 밭이 될 땅을 일구기 시작한 바로 그날이 농경이 탄생한 날이다. 인류사를 바꾸는 도약이 이 지역에서 이루어졌다. 약 1만 2,000~1만 년 사이에 요르단강가뿐만 아니라 근동 지역 전체에서 말이다.

동시에 이 지역에서 최초로 야생동물을 가축화하는 일도 일어났다. 아니, 꼭 그렇다고는 할 수 없다. 이보다 훨씬 전, 이곳 말고 다른 지역에서도 늑대를 길들인 끝에 사람을 따라다니는 개가 출현했으니까. 하지만 지금 여기서 일어난 일은 차원이 다르다. 양이며 염소가 차례로 가축화되어 얼마 뒤 노아의 방주에 다른 가축(소, 돼지 등)과 함께 탑승하니 말이다.

지리적으로 신석기시대의 영향권이 확대됨에 따라 가축화도 가속화되었다. 새로운 동물을 인간에게 유용하게 길들일 수 있는지 계속해서 시험했다. 번식을 통제할 수 있느냐도 관건이었다. 그런데 가축으로 삼기 쉬운 동물이 있는가 하면 그렇지 않은 동물도 있었다. 우리가 생각해도 첫 시작으로는 아무래도 들소보다는 염소가 더 낫지 않을까?

생각해보면 꽤 재미난 사실이 있다. 인류가 끝내 절대로 가축으로 삼거나 길들일 수 없었던 동물들에는… 인류를 제외한 다른 모든 영장류가 포함된다는 것이다. 하지만 이런 사실이 지금은 중요치 않다. 근동에는 영장류가 존재하지 않았으니까.

민들레 홀씨처럼 사방으로 확산되다

신석기시대의 첫 발상지는 향후 수천 년 동안 전 세계 대부분 지역에 상당한 영향을 끼쳤다. "모두를 위해 사방으로 씨를 뿌리리."(프랑스를 대표하는 라루스 백과사전은 모두

를 위한 백과사전을 표방하는데 이 문구는 라루스 출판사를 설립한 피에르 라루스의 모토이기도 하다-역자)

이 문구처럼, 근동의 문화 용광로에서 만들어진 발명품 전부 혹은 일부가 바로 이곳에서부터 사방으로 퍼져 나갔다. 때로는 다른 곳에 가서 정착하기로 마음먹은 인간들이 직접 동물을 몰거나 씨앗 주머니를 가지고 가서 섬이나 새로운 땅에 터를 잡았다. 때로는 수렵채집 생활을 하던 이웃들이 이 새로운 삶에 매혹되어 그들의 뒤를 따르기도 했다.

당시의 진행 과정이 얼마나 복잡했건 상관없다. 이미 농부가 된 인구가 팽창했는지, 아니면 다른 토착 수렵채집인들이 '신석기 혁명'에 새로 가담했는지 딱 잘라 구별하지도 않겠다. 다만 1만~5,000년 전 사이에 유럽과 아프리카 일대, 그리고 중앙아시아 일부에 근동에서 시작된 이 현상이 확산되었다. 이란 서부의 자그로스산맥에서 사하라사막에 이르기까지, 나일강에서 템스강 연안에 이르기까지 오늘날 우리가 먹는 양다리 요리나 곡물 죽 요리는 모두 기원이 거의 같다(필자가 언뜻 생각하기에도 이미 당시 이 재료들을 사용한 수많은 요리법이 있었을 것 같다).

신석기인은 하나의 '턴키'처럼 완성형 모델이 아니라, 끊임없이 여러 사회·경제적, 생태적 환경에 적응하고, 재해석하고, 맞추어 나갔다. 가령 식물 기반의 식량 없이는 살 수 없다고 생각한 사람들이 있었는가 하면, 농경은 포기하고 주로 목축에만 집중하기

로 한 사람들도 있었다.

전통 이분법에서는 이동 생활을 하는 수렵채집인과 정착 생활을 하는 농경목축인으로 나눈다. 대체로 이런 이분법을 바탕으로 우리는 구석기인과 신석기인을 나눈다. 하지만 현실은 이보다 복잡하다. 당연히 정착 생활을 하는 수렵채집인도 존재했을 수 있기 때문이다. 게다가 이들은 야생에서 식물을 가져와 최초로 작물을 재배하기 시작했다.

당연히 정착 생활을 하는 수렵채집인도 존재했을 수 있다. 게다가 이들은 야생에서 식물을 가져와 최초로 작물을 재배하기 시작했다. 역으로, 이동 생활을 하는 신석기인도 출현했다. 바로 이들이 위대한 유목민족의 조상이다.

역으로, 이동 생활을 하는 신석기인도 출현했다. 바로 이들이 위대한 유목민족의 조상이다. 실제로 여러 대륙에서, 혹은 적어도 여러 대륙 가운데 일부 지역에서는, 동물을 가축으로 삼는 길을 가면서도 분명히 이동 생활을 유지했던 사람들이 있었다. 아프리카에서 소를 키우던 몇몇 민족(훗날 이들을 계승한 것이 마사이족과 코이산족이다)과 시베리아에서 쭉 순록을 키워 온 민족이 그들이다.

비슷한 사례는 더 많이 찾아볼 수 있다. 나중에 등장하는 일부 낙타 문화권 사회도 마찬가지다(유목 사회의 기반이 되는 동물 가운데 가장 늦게 가축화된 동물이 낙타다–역자).

신석기시대는 인류세의 시초인가?

신석기 혁명은 어디서건 다양한 모습으로 인류사의 주요한 터닝포인트로 인정받는다. 주저하지 않고 신석기시대를 '인류세(대체로 인류가 지구를 장악한 뒤 지구 환경을 바꾸고 파괴하는 현재를 지칭하는 용어-역자)'의 출발점으로 꼽는 사람들도 있다. 즉 인류 활동으로 지구에 되돌릴 수 없는 깊은 흔적이 남기 시작한 시대라는 말이다. 물론 좋은 흔적도 있고 나쁜 흔적도 있다.

이런 주장은 현재 우리가 사는 세상에 큰 반향을 불러일으켰다. 오늘날에는 인간이 기후에 미치는 영향을 둘러싸고 수많은 논쟁이 벌어지며 그 정치적 파급력도 어마어마하다. 마찬가지로 과학계에서는 인류세를 거론하는 것이 과연 합당한지 아닌지, 합당하다면 언제까지 거슬러 올라가야 하는지를 두고 서로 물어뜯으며 맹렬히 다툰다(그런데 인간을 지질시대를 좌우하는 주동자의 위치에 두는 것이야말로 어처구니없는 인간 중심적인 발상이 아닐까?).

이런 논란에도 신석기시대는 인류세의 시작점으로 꼽힐 만한 좋은 후보가 틀림없다. 물론 구석기시대 최고 포식자인 우리 구석기인들이 일찍이 지구의 생태적 균형에 중요한 역할을 하지 않았기 때문은 아니다(아메리카나 오스트레일리아 등 각지에서 플라이스토세 즈음 멸종된 수많은 거대 동물군… 거대 캥거루와 거대 땅늘보를 떠올리면 된다). 물론 몇 세기 전 산업 혁명 때부터 상황이 급격히 악화해서 현재 우리가 '쓰레기의 시대'에 빠져 있는 것은 사실이다. 다만 대규모 산림 벌채와 대규모 가축 이동의 결과, 목축에 의한 선택이 자연선택을 대체하여 실제로 중대한 터닝포인트가 된 시기를 지목해야 한다면, 신석기시대가 1순위 후보로 거론될 수 있다는 말이다.

몇몇 식량자원을 통제하고 새로운 생활 여건을 조성한 덕분에 이 시기부터 출생률이 말 그대로 폭증했기 때문이다.

그 근거로, 우리 인간 종이 인구 차원에서 완전히 말도 안 되는 성과를 올린 것만 평가해도 충분하다. 신석기시대는 결정적인 '한 방'으로 인구 폭발에 일조했다. (가축의 젖과 같은) 몇몇 식량자원을 통제하고 (정착 생활의 발달과 같은) 새로운 생활 여건을 조성한 덕분에 이 시기부터 출생률이 말 그대로 폭증했다.

인류세는 어쩌면 존재할 수도 있는 것, 반면 공진화는 확실히 존재하는 것

인류가 나머지 동물계와 식물계, 즉 지구 전체를 지배하는 모습에 스스로 취한 나머지, 그 과정에서 인류 자신에게 돌아올 영향을 과소평가해서는 안 된다. 식량이라는 주제를 놓고, 앞서 어렴풋이 언급했던 가축의 젖을 예로 들어보자.

인류가 동물의 젖을 먹기 시작한 것은 불과 몇천 년 전의 일이다. 덕분에 이제는 모유 수유기에만 젖을 먹지 않고 성인이 되어서도 먹을 수 있다. 물론 이것이 우리 신진대사에 아무 영향도 주지 않았을 리 만무하다. 생명 활동과 행동 사이의 공진화를 보여 주는 좋은 사례가 분명하다.

그런데 북아메리카 인디언처럼 최근에야 우유를 마시기 시작한 사람들 가운데 여전히 유당 불내성(소화를 잘 못시키는 것-역자)이 있는 사람은 몇 명이나 될까? 이런저런 집단의 식탁에 최근에서야 오른 땅콩 같은 수많은 식물도 마찬가지 경우가 아닐까?

요약하자면, 우리는 수천 년, 아니 어쩌면 불과 수세기 전부터 우리 자신이 한 '식량 선택'에 굴복하지 않았다. 이 대목에서 잠시, 심리적인 문제는 제외하고 불내성이 전혀 없는 유일한 음식은 붉은 고기뿐이라는 사실을 기억하자. 그럴 수밖에 없는 것이, 우리 인간 종은 플라이스토세의 요람에서 태어날 때부터 이런 생리적 능력을 타고났기 때문이다.

공진화를 떠올리게 하는 또 다른 사례는 미생물이다. 우리는 이미 세균과 바이러스를 비롯한 미생물의 숙주이거나 숙주가 될 가능성이 있다. 이 경우에는 여러 종이나 여러 생명체, 구체적으로 말해 우리 인간과 미생물 무리 사이의 공진화, 즉 일반적으로 생물학에서 말하는 공진화를 이야기한다고 오해할 수도 있다. 그러나 이번에도 생물학적 진화와 문화적 진화가 함께 진행되었음을 의미한다. 우리가 자발적으로 가축이건 가금이건, 여러 가축과 뒤섞여 지내고 동물을 많이 사고판 행위로부터 미생물이 출현하고 확산되었기 때문이다.

일부 미생물이 전 세계적인 전염병을 유발해서 수많은 희생자를 발생시키는 경우를 떠올려 보자. 이는 결코 순진하지도 만만하지도 않은 자연 앞에서 인간과 인간의 행동에 따라 선택이 이루어진 결과다.

풀리지 않은 의문 하나: 왜 신석기시대인가?

우선, 많은 사람이 매우 오랫동안 신석기 문화를 배척했다는 사실을 명심해야 한다. 몇몇 상징적인 사례만 들자면, 불과 몇 세기 전까지만 해도 북아메리카와 아프리카 여러 지역은 물론 오스트레일리아에서도 신석기 문화를 거부한 집단이 꽤 있었다. 이들은 간혹 정착하기도 하지만 대부분은 이동생활을 하는 수렵채집인으로 남기로 했다.

이것은 정말로 선택의 문제였다. 이들 가운데 대부분이 농경목축인들과 접촉하거나 접촉한 적이 있었던 사람들이기 때문이다. 심지어 오스트레일리아 토착민도 같은 선택을 했다. 익히 알려진 대로 이들 가운데 몇몇 집단은 농경과 목축을 했던 파푸아뉴기니 사람들과 꾸준히 유대관계를 맺고 교류했는데도 말이다.

이 사람들이 신석기 문화를 거부한 이유를 분석하는 일은 흥미로운 작업이다. 그러나 그전에 다른 사람들은 왜 위험을 무릅쓰고 신석기 문화를 받아들이기로 결단을 내렸는지 그 이유부터 파악하도록 하자.

가장 먼저 할 수 있는 주장은 순전히 경제적인 동기 때문이라는 것이다. 농경과 목축은 안정적인 식량 공급을 보장하기 때문에 성공할 수 있었다. 식량이 안정적으로 공급되면서 인구가 증가했고, 그러면서 다시 식량을 생산할 필요가 생기는 순환이 이어졌다. 그게 끝이다.

하지만 이런 이상적이고 조금은 기계적인 시각에 대해 여러 반론이 제기되었다. 우선, 아주 오랜 시간 동안 농업 생산성이 상당히 낮았던 것이 틀림없어 보인다. 게다가 수렵채집인들이 거의 생계형 경제 활동만 했다는 의견은 맹렬한 공격을 받아 여지없이 깨졌다.

예를 들어, 미국의 인류학자 마셜 살린스Marshall Sahlins가 그의 주요 저서 중 하나인 《석기시대 경제학Stone Age Economics》에서 제시한 주장을 되짚어 보자. 수렵 집단과 농경 집단이 식량 수요를 충족시키기 위해 들이는 노동 시간을 비교했더니, 낫질을 하는 것보다 손에 활을 들고 조용히 기다리는 편이 더 낫다는 결론이 나왔다….

물론 일반적으로 봤을 때, 수렵채집 집단이 식량 부족이나 그 이상으로 최악의 상황을 겪기도 한 것은 확실하다. 그러나 농경목축인들 역시 식량 부족 상태를 겪었다.

그렇다면 신석기시대가 성공을 거둔 이유를 설명하기 위해 다른 요인을 찾아야 한다. 혹자는 이데올로기 차원의 요인이 분명히 있었다고 본다. 사실, 신석기시대의 성공과 함께 자연을 길들인 결과, 인간이 우주 속 자신의 위치를 생각하는 방식에 근본적인 변화가 생겼다.

이런 맥락에서 고고학자 자크 코뱅Jacques Cauvin을 선두로 삼은 학자들은 신석기 미술에서 드러나는 진화를 강조했다. 즉 이제부터 인간 형상이 작품의 중심에 온 것이다. 다른 학자들은 사회·정치적 차원의 요인을 부각한다. 신석기시대에는 어느 정도 부의 창출이 동반된다. 그렇다고 수렵채집 집단에 이런 부의 개념이 결코 없었다는 뜻은 아니다. 사회인류학자 알랭 테스타Alain Testart가 강조한 바에 따르면 이들 가운데 몇몇 집단에는, 특히 그가 중석기시대 이후에 속한다고 분류한 집단 가운데 일부에는 부의 개념이 있었다고 한다.

그래도 부의 개념은 농경이나 목축 집단에 훨씬 광범위하게 자리 잡았다. 특히 목축 집단의 많은 경우, 이들이 키우는 가축은 젖을 식량으로 삼은 경우 등을 제외하면 엄밀한 의미에서 식량 자원이 아니었다. 가축은 무엇보다도 사회적 비용을 치를 재산이라서 이를 소유하는 것이 중요했다. 이런저런 예식을 치를 때, 특히 결혼하려면 가축 몇 마리를 주거나 제물로 바칠 능력이 있어야 했다.

간단히 말해, 오로지 사람들을 부양하는 경제 성과만 따져서는 신석기시대가 성공한 이유를 설명하지 못한다는 것이 많은 학자의 의견이다. 결론적으로, 신석기시대는 근본적인 이데올로기의

중석기시대

유럽에서 기원전 1만~6,000년 사이에 존재했던 시기로, 연대기적으로나 문화적으로 앞서 있었던 구석기시대와 이후 등장하는 신석기시대의 중간 기간에 해당한다. 이 시기의 인류는 지금과 비슷한 온화한 기후에서 수렵, 어로, 채집을 바탕으로 생계를 유지했다.

변화와 함께 부를 축적한 사회의 비약적 발전을 토대로 했을 것으로 보인다.

이데올로기의 변화와 부가 축적된 사회의 발달은 함께 이루어졌다. 이 과정에서 일부 수렵채집 사회가 신석기 문화를 거부한 이유도 틀림없이 조금 더 잘 설명될 수 있을 것이다. 신석기시대의 이러한 가치들이 수렵채집 사회가 지닌 가치를 과도하게 뒤흔든 탓에, 결국 이들이 신석기 문화를 받아들이기를 거부한 것이다. 어쨌건 이것은 오스트레일리아 원주민을 대상으로 일반적으로 제기된 가설이다.

신석기시대 혹은 인간에 의한 인간 길들이기

일부에서 신석기시대를 거부한 이유는 실제로 치러야 할 대가가 비교적 컸기 때문이다. 근본적으로,

신석기시대에는 우선 인간을 길들여야 했다. 노동 시간과 사람들이 순응하는 여러 가지 제약을 수렵채집인들이 봤다면, 완전히 노예 같고 '자연을 거스르는' 일이라고 생각했을 것이 틀림없다. 부의 문제는 분명히 사회 차별과 위계를 증가시킨다.

물론 이 설명에는 수많은 미묘한 차이와 반대의 예가 존재한다. 그러나 한 걸음 뒤로 물러서서 신석기시대가 근동에서 꽃을 피운 뒤 주변의 유럽과 아프리카로 전파되었던 6,000~7,000년이라는 기간을 가만히 들여다보기 바란다. 그러면 그동안 인류 사회가 전에 없던 방식으로 조금씩 사회 불평등을 받아들이고 진정한 계급제도를 수립하는 모습이 명백하게 드러난다. 가장 먼저 이를 보여 주는 것이 망자를 다루는 방식과 장례와 관련된 몇몇 기념물이다.

또 기술력이 필요한 생산 활동에서도 발견할 수 있다. 석기 제작과 같은 여러 분야에서 전문가가 권력자로 등극하면서 완전히 새로운 사회 형태가 생겨나 4,000~2,000년 전 사이에 청동기시대와 철기시대를 거치면서 발달한다.

이 과정에서 우리는 국가의 눈부신 발전을 목격한다. 일부 사회 계급(말하자면 귀족 계급으로 전사, 종교인일 수 있는데 물론 두 가지를 겸할 수도 있다)이 장인이나 농민 같은 다른 계급을 통제하는 국가 말이다.

상호 의존에 바탕을 둔 이 사회에서는 구성원마다 각자 자리가

정해져 있다. 역사는 승자의 기록이다. 때마침 문자를 발명하여 역사를 완벽하게 이해한 승자의 기록.

당연히 이런 변화 과정이 어느 정도 우연이었고, 그래서 완전히 다른 과정이 이루어졌을 수도 있다는 주장이 가능하다. 그러나 이번만큼은 역사적으로 일관성을 찾을 수 있다.

첫째, 지구상 어디에도 수렵채집 생활만 했던 집단이 엄밀한 의미에서 국가를 세운 경우는 없기 때문이다. 심지어 가장 불평등한 사회를 수립했던 경우에도 마찬가지다. 어디든 신석기시대는 반드시 거쳐야 하는 단계이자 해결해야 하는 조건으로 드러났다. 그렇다고 모든 신석기시대 집단에서 결국에는 국가가 탄생했다는 의미는 아니다. 앞서 이미 언급했던 농경과 목축을 했던 파푸아뉴기니 사람들을 생각하면 된다.

둘째, 모든 신석기 문명 발상지에서는 국가가 탄생했다는 공통점이 있기 때문이다. 지금까지 우리가 신석기시대의 발달을 설명하기 위해 주로 근동의 발상지를 언급했지만, 세상에는 이보다 조금 뒤에 등장한 신석기 문명의 발상지가 최소한 두 곳이 더 있다. 바로 남중국과 중앙아메리카다.

이 두 곳은 근동과는 완전히 별개로 보인다. 그래도 세 곳은 다양한 얼굴을 갖고 있지만, 그 아래로는 진화가 원동력이 되어 농경의 시작부터 국가 발명에 이르기까지 많은 공통점을 드러냈다.

이렇게 만들어진 사회는 각자 고유의 방식으로 이른바 '현대'

세계로 뻗어 갔다. 훗날 이들의 먼 후손들이 정복하고 지배하려고 애쓸 세계로 말이다. 하지만 이것은 필자가 늘 말하듯 또 다른 이야기에 해당한다. 바로 역사시대의 이야기 말이다.

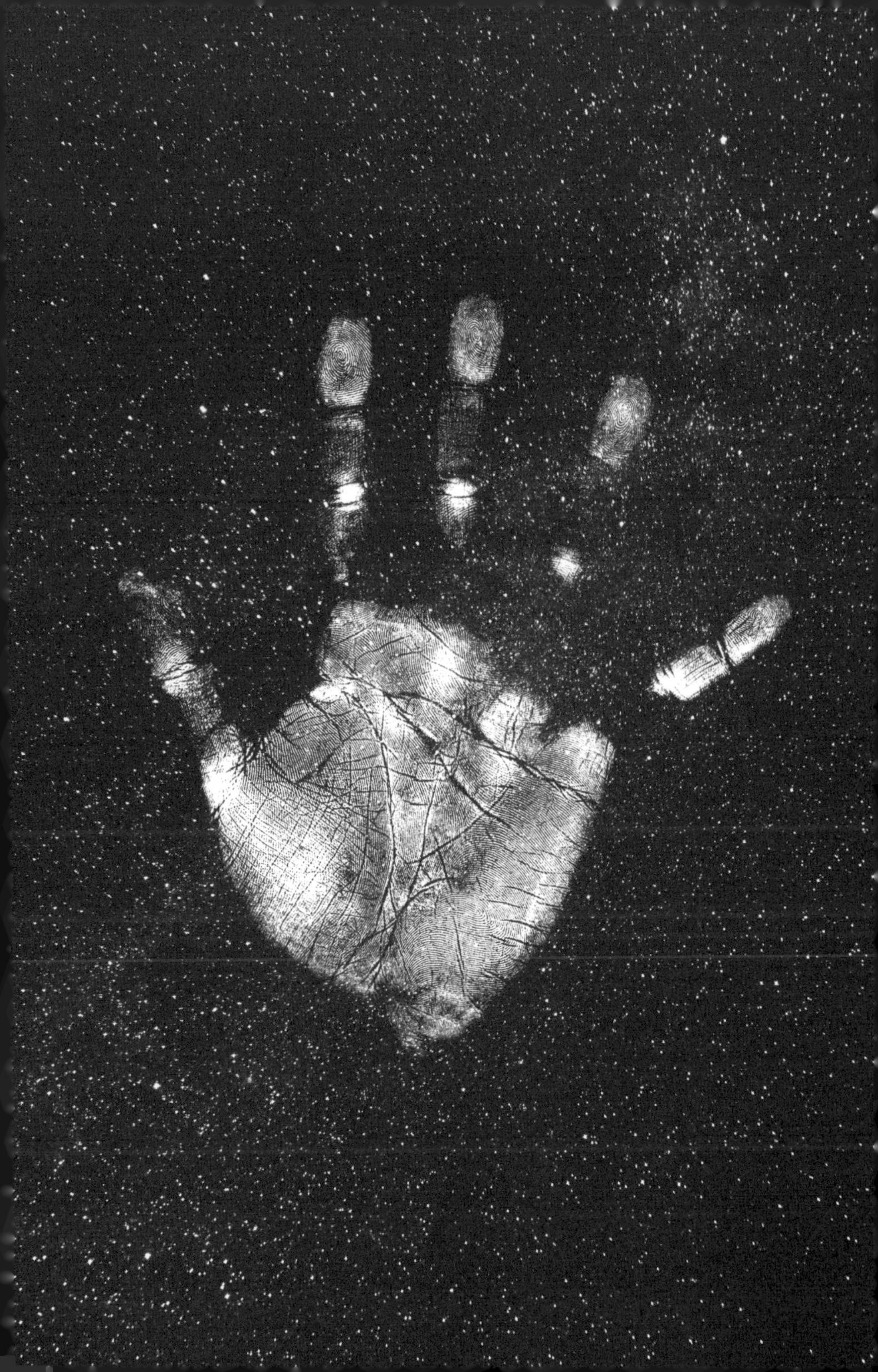

에필로그

선사시대부터 미래까지, 사피엔스의 끝나지 않은 여정

무언가를 측정하기란 참 어렵다. 시간을 가늠하는 일 역시 그렇다. 불과 250년 전만 해도, 우리는 인류의 역사가 몇천 년이 넘는다는 생각은 꿈에도 하지 못했다. 하지만 오늘날 우리는 잃어버렸던 수백만 년의 과거를 되찾았다.

18세기 프랑스의 저명한 박물학자 뷔퐁 백작comte de Buffon처럼 누구보다 대담했던 사람들조차도 지구의 기원으로 거슬러 올라가기 위해 감히 이 수백만 년이라는 시간의 사다리를 오르지는 않았다! 인류가 사다리에 오르자 가벼운 현기증 뒤로 약간의 서글픔이 밀려든다.

최근까지 선사시대의 삶을 살던 지역(북아메리카, 오스트레일리아, 파타고니아, 아프리카의 여러 광범위한 지역)에서 이동 생활을 하는 수렵채집 민족들이 거주지를 지정받거나 멸종된 후에야 세상 모든 사람의 과거가 선사시대임이 밝혀졌기 때문이다. 이 과거의 직속 후계자인 수렵채집인들은 그대로 얼어붙은 채로 있었던 것이 아니라, 얼마 전까지 멀쩡히 살아 사회의 주체로 활약했다. 현대 세계가 이들 사회 가운데 대부분을 정성 들여 박제한 것은 고작 지난 몇 세기 동안의 일이다. 그렇다고 해서 우리 세계가 다시 뒤로 돌아간다는 것은 말도 안 되는 일이다. 그러기보다는 앞을 보고 계속 나아가는 편을 선택하자.

그런데 이 선사시대 역사에서 얻은 주요 교훈은 무엇일까? 우리 인류가 하루아침에 탄생한 것이 아님을 안 것?

지금까지 필자는 선사학자로서 인류의 미래에 대해 어떻게 생각하느냐는 질문을 받으면(마치 필자가 이런 거친 시대를 자주 접했으니 이런 질문을 받는 것이 합당하기라도 한 양 질문을 한다!), 점잖게 화제를 돌렸다.

세상이 거의 만원이 된 현재,
우리가 끝까지 몰리면 무슨
일이 벌어질까?
과거 흔히 그랬듯, 우리는
우주의 문 앞에서 커다란
도약을 준비할까?

하지만 이번만큼은 어디 한번 재미있게 답변을 생각해 볼까 한다. 선사시대는 우리 앞에 닥칠 만한 일에 대해 무엇을 가르쳐줄 수 있을까? 이런 물음에 필자의 머릿속에는 다음과 같은 생각이 가장 먼저 떠오른다.

지난 10만 년 동안 엄청나게 세력을 팽창한 호모 사피엔스를 연구하다 보면, 이 팽창은 계속 이루어졌다는 것을 알 수 있다. 물론 이 현상은 당연히 중간에 잠시 중단되고 정착하고 움츠러드는 단계를 수차례 거치지만, 그래도 팽창이 하나의 경향이 되어 우리를 지구상 전역으로 인도했다.

지금은 어떤가? 세상이 거의 만원이 된 현재, 우리가 끝까지 몰리면 무슨 일이 벌어질까? 과거 흔히 그랬듯, 우리는 우주의 문 앞에서 커다란 도약을 준비할까?

많은 이가 이렇게 말할 것이다. 아니, 우주에 사람이 살 계획을 세우기에는 아직 기술적으로 너무 부족해(해저 진출에 대해서도 아마 똑같은 말을 하리라).

게다가 그런다고 뭐가 좋고 또 무슨 소용이람? 필자가 생각하기에, 선사시대는 우리에게 이런 주장은 제아무리 합리적이더라도 이미 낡았다는 사실을 가르쳐 주었다. 우주가 이미 우리 상상계에 들어와 버렸기 때문이다. 적어도 100년 전부터 우리는 달을 꿈꾸고, 우주를 꿈꾸며, 저 먼 곳에 있는 행성을 꿈꿨다.

그곳에서는 놀라운 모험이 일어난다. 시라노 베르주라크Cyrano de Bergerac(17세기 프랑스 시인으로 우주여행을 다룬 작품도 썼다-역자)도 만나고, 〈스타워즈〉의 한 솔로, 데이비드 보위David Bowie의 노래에 등장하는 달 탐사 임무를 맡은 톰 소령과도 마주칠 수 있다. 물론 어린 왕자는 말할 것도 없다. 세계 최초로 우주 비행에 성공한 가가린Yurii Gagarin과 달에 첫발을 디딘 암스트롱Neil Alden Armstrong을 필두로 실제 우주인들의 추억과도 마주할 수 있다. 마치 우리가 직접 우주에 간 것처럼 느껴진다.

이렇듯 우리가 꿈속에서 별나라에 가고, 몇몇 우주인을 영웅으로 여기기 시작한 지 이미 오래되었다. 신화가 창조되었고, 어떤 의미에서 보면 우주는 이미 사람이 사는 곳이 되었다.

상상하고 꿈꿀 것. 나는 인류가 우주로 진출하기 위한 첫 번째 조건이 바로 이것이라고 생각한다. 우주 진출을 정당화하기 위해서 인구 압력 같은 어떤 이유를 내세울 필요도 없다. 이 상상계의 부름을 거부할 수 있는 것은 아무것도 없다.

기술 면에서는 확실히 아직 부족한 점이 많다. 거대한 우주 수

송선에 들어갈 엔진과 연료가 있는가? 스스로 재생 처리되는 인공 대기를 생성시킬 수 있는가 등등 해결되지 않은 문제가 여전히 많다. 그러나 우리에게는 이미 핵심 도구가 있다. 바로 장거리 통신 기술이다. 우리가 매일 사용하는 모든 의사소통 도구, 통신 도구들은 이미 화성이나 그 밖의 공간까지 통신이 도달하도록 완벽하게 준비된 상태다. 이제 우리는 매일같이 거리의 벽을 허무는 통신 수단을 쓴다.

상상의 세계 그리고 현실의 제약을 초월한 통신 수단, 이렇게 두 가지 핵심 조건이 갖추어지면 문자 그대로 그 외의 기술적 측면들은 아무리 복잡하더라도 결국에는 큰 장애가 되지 못할 것이 틀림없다. (당연히 우주에 가면 난파될 위험도 있지만) 위험 부담도 마찬가지로 큰 문제가 못 된다. 우리가 이미 자기도 모르게 이런 이데올로기를 발전시키고 우주 궤도로 올라가는 데 필요한 사회성을 준비 중이라는 사실이 가장 중요하다.

그렇다면 정말로 언제쯤 출발할까?

솔직히 필자는 전혀 모르겠다. 선사학자인 필자는 또다시 수세기와 수천 년이라는 긴 시간 뒤로 몸을 숨긴다. 어쨌든 필자의 생각으로는, 우리 앞에 놓여 있는 궤적 때문에 우리는 불가피하게도 하늘로 가는 길로 접어들 운명이다.

하지만 다시 한번 우리 주제로 돌아와 더 철저히 살펴보자. 물론 우리가 정말로 이 주제를 벗어났던 적은 없다. 상상계와 통신 도구의 중요성을 논할 때 그 배경에는 육체와 정신의 분리가 깔려 있다. 이런 생각은 우리가 앞에서 살펴보았던 내용에서 직접 영감을 받은 것이다.

이런 현상, 즉 우주를 정복하고, 더 나아가 우주에 식민지를 개척하는 일이 과연 우리 사피엔스에게 영향을 미칠까?

이런 현상, 즉 우주를 정복하고, 더 나아가 우주에 식민지를 개척하는 일이 과연 우리 사피엔스에게 영향을 미칠까? 두말하면 잔소리다. 어떤 영향이 있을지는 아직 모르겠다. 하지만 우주로 사람들을 대규모로 보내기 시작하는 순간이 되면, 누가 어떤 동기로 하느냐에 따라 다르겠지만, 어느 정도 지침이 나올 것이다. 우주 여행객 후보로 선발된 사람들의 정신 운동 능력과 신체 능력을 보면 앞으로 어떤 방향으로 사피엔스가 진화할지 예상할 수 있을 테니 말이다.

다른 별을 공략하기 위해 사피엔스에게 어떤 덕목이 중요한지 알게 되고, 계속해서 이에 따라 미래의 우주인을 선발할 것이기 때문이다.

이와 관련해서도, 우리는 앞서 처음부터 끝까지 살펴보았던 선사시대를 통해 한 가지 깨달은 사실이 있다. 인간은 자신의 운명을 손에 쥐고 지배하는 방식에 따라 행동적, 생물학적 차원에서 영향을 받는데, 이런 방식은 하룻밤 만에 생겨난 것이 아니라는 사실 말이다.

자, 이제 출발!
아니, 계속 가자!

그런데 이렇게 그냥 헤어지기 전에, 잠시만 서서 별을 똑바로 바라보자. 그런 다음 마지막으로 공간과 시간의 거울을 반대로 돌려 놓자. 늘 그렇듯, 공간은 시간을 환하게 밝혀 준다.

그러면 사람들이 하늘을 보며 "저 별빛 좀 봐. 저 별은 옛날에 죽었는데 별빛은 지금 우리한테 도착했네"라고 할 때, 우리는 쇼베나 라스코 등지의 동굴벽화를 떠올릴 수 있다.

어쩌면 이것은 그저 비유만이 아닐 수도 있다. 빛은 나름의 속도로 공간을 여행한다. 동굴벽화를 디자인한 사람들의 영혼이 나름의 속도로 나아가듯, 이들 벽화는 21세기 사피엔스인 우리에게도 이야기를 들려준다. 심지어 우리가 태어나기도 전부터.

참고 문헌

Bon Francois, 2009, Prehistoire. La fabrique de l'homme. Paris, Seuil 《l'Univers historique》, 349p.

Clottes Jean(dir.), 2010, La France prehistorique. Un essai d'histoire, Paris, Gallimard, 574p.

Coye Noel, 2000, La prehistoire en parole et en acte : methodes et enjeux de la pratique archeologique, 1830-1950, Paris, L'Harmattan, 《Histoire des sciences humaines》, 352p.

De Beaune Sophie A.(dir.), 2013, Chasseurs-cueilleurs, Paris, CNRS Editions, 《Biblis》, 296p.

Demoule Jean-Paul, 2017, Le Neolithique. A l'origine du monde contemporain, Paris, La Documentation Francaise, 《Documentation photographique》, 64p.

Demoule Jean-Paul, 2017, Les dix millenaires oublies qui ont fait l'histoire. Quand on inventa l'agriculture, la guerre et les chefs, Paris, Fayard, 318p.

Fritz Carole(dir.), 2017, L'art de la Prehistoire, Paris, Citadelles & Mazenod, 626p.

Guy Emmanuel, 2011, Prehistoire du sentiment artistique. L'invention du style il y a 20,000 ans, Paris, Presses du Reel, 196p.

Hublin Jean-Jacques et Seytre Bernard, 2011, Quand d'autres hommes peuplaient la Terre, nouveaux regards sur nos origines, Paris, Flammarion, 《Champs sciences》, 268p.

Jaubert Jacques, 2011, Prehistoire de la France, Confluences, 126p.

Stringer Christopher, 2012, Survivants. Pourquoi nous sommes les humains sur terre, Paris, Gallimard, 《NRF essais》, 466p.

Teyssandier Nicolas et Thiebault Stephanie(dir.), 2018, Pre-histoires, la conquete des territoires, Paris, Cherche Midi, 184p.

Tillier Anne-Marie, 2013, L'Homme et la mort, Paris, CNRS Editions, 《Biblis》, 188p.

Valentin Boris, 2010, Le Paleolithique, Paris, PUF, 《Que sais-je?》, 127p.